共享与活力
城市公园综合体构建

风景融入日常生活

张　琦　周欣萌　谢晓英　·　著

化学工业出版社

·北　京·

图书在版编目（CIP）数据

共享与活力：城市公园综合体构建 / 张琦，周欣萌，
谢晓英著. -- 北京：化学工业出版社，2022.7
（风景融入日常生活）
ISBN 978-7-122-41127-3

Ⅰ. ①共… Ⅱ. ①张… ②周… ③谢… Ⅲ. ①城市公
园—景观规划 Ⅳ. ① TU983

中国版本图书馆 CIP 数据核字（2022）第 055512 号

本书翻译（中译英）

Wang Yile（澳大利亚） Daniel Lenk（英国）

责任编辑：林　俐　刘晓婷　　　　　　　　装帧设计：对白设计
责任校对：刘曦阳

出版发行：化学工业出版社（北京市东城区青年湖南街 13 号　邮政编码 100011）
印　　装：北京宝隆世纪印刷有限公司
710mm×1000mm　1/12　印张 16　字数 250 千字　2022 年 7 月北京第 1 版第 1 次印刷

购书咨询：010-64518888　　　　售后服务：010-64518899
网　　址：http://www.cip.com.cn
凡购买本书，如有缺损质量问题，本社销售中心负责调换。

定　　价：98.00 元

为无界景观设计团队的作品所作序

赵园

建筑、景观设计之为专业，不但有其功能意义，更关系一城一地的外部形象。在社会经济快速发展的时期，无疑处于"前沿"。景观设计的成果一旦落地，即成为项目所在地的日常现实，人们生活、呼吸其间，直至习为常态，日用而不自知。无论设计成果存在时间久暂，一种专业活动如此深地进入人们的生活，足以令人称羡。这一专业的"改变中国"，实实在在，不仅诉诸感官（不惟视觉），还影响人们的心态以至生存状态。纵然有一天设计成果被时间抹去，其印在地面上尤其人们记忆中的痕迹，也是难以消失的吧。

景观设计与建筑设计，均为重塑空间的艺术：由物理空间到人文空间。景观设计师以大地为画布。无界景观设计团队的"绘画"作品散落于祖国大江南北以至不同的国家。团队一以贯之，从唐山凤凰山公园复建，到北京大栅栏杨梅竹斜街的改造，从北京城市副中心行政办公区核心区，到埃塞俄比亚首都亚里斯亚贝巴的友谊广场，均力求因地制宜、就地取材，低能耗，对原有的自然与人文环境少扰动，使人工与自然有机对接，满足多方面的功能需求。

团队在恪守专业人员的工作伦理的同时，不忘尽社会责任。团队的主要贡献在城市建设，却对"乡建"怀有志愿者般的热情；在城市作画之余，更将笔触伸向乡村。近年来"历史文化街区""特色小镇"的建设一哄而起，以改造、升级为名，造成"千村一面"的不可逆的破坏，至于"打造景点"则往往出于政绩冲动，这样的现象亟待规范。优先考虑在地居民的需求，而非将他们的环境连同生活作为展品，强迫其为拉动地方经济做牺牲——景观改造要这样才能永续。

中国的发展为景观设计专业提供了机遇。无界设计团队有幸参与了这一进程，年轻设计师积蓄的能量得以释放。尽管行政力量的干预在所难免，人们环境意识以至社会审美风尚的进步，毕竟是更强大的力量。上述变化，由无界景观设计团队历年的项目即不难窥见。

于"隐身"——即不炫技、不刻意打造设计者自身形象——之外，这个团队贯穿始终的理念，更有"共享"。唐山凤凰山公园设计建造方便市民穿行的步道，赣西南夏木塘项目构建供乡民交流的公共空间，埃塞俄比亚友谊公园满足由官方仪式到民众日常娱乐的诸种需求，使广场成为便于不同族群、阶层交流融合的平台，他们的项目无不以社会效益为重要考量。

无界设计团队首先着眼的是项目所在地民众的日常感受；不取一时亮眼，而求可持续，可再生，可不断更新换代。在我看来，低调的美或更能持久。近年来追求"博眼球"，亮丽过后顿成鸡肋的项目比比皆是。回应民众需求，具备自我更新的能力，维持景观的持久活力，是对治此病的药方。无界设计团队还将改善当地民众的生存状况纳入优先考量，确保公共财政取之于民，用之于民，切实提升在地居民的幸福感。经历近几十年一波波的造景运动，团队的上述追求倍加可贵，值得阐发、揄扬。

长期实践中，团队形成了自己成熟的设计语言，如绿道、步道、步行网络的设计，又如对无机械健身，即"软性的、温和的、能够随时随地进行的健身"的推广。凡此，无不力求最大限度地利用空间，满足多方面的需求。设计团队专业技术与人文层面并重，不但尊重自然，而且顺乎环境的历史脉络。对场地破拆材料进行再利用，既节约能源，又有效地保存场地记忆；以艺术化的地面、立面铺装，

借助物料上的时间刻痕保存历史信息，都是团队行之有效的设计手法。砖石往往是既可视又可触的历史。镶嵌在地面、墙体的符号化的历史，以其物质形态嵌入了现实，不同时空的融汇借此种细节显现。用有年代感的砖、不同质料的石材，拼贴成图案承载记忆，这一设计手法在杨梅竹斜街改造、一尺大街修复、北京城市副中心行政办公区的设计与施工中，均有成功的运用。北京城市副中心行政办公区核心区步行道边镶刻北京新老胡同名，小广场铺设嵌入取自胡同的石材、木料，无不将老北京的文化密码不张扬地嵌入墙体、地面，只待行走者辨识。设计团队更注重利用现有的科技手段，实现"历史文化信息库的搭建，实现线上线下空间交叠"，既丰富了人们的空间体验，又使民众于娱乐休闲的同时摄取历史知识。凡此种种，随处可感用心之细，用情之深。

较之纸上的画作，实现在空间的绘制更难抵抗时间的侵蚀。景观设计作品势必经历一轮轮的更新、升级，也由此重生。原有设计中的亮点，有可能烛照、开启以后的设计思路。这也是设计团队为后续的"创作"预留空间的必要性及意义所在。

我一再说自己是书斋动物，因此对所有切切实实促进现状改善的努力都怀有敬意，对于景观设计专业不得不应对的诸种难题略知一二："设计"不能止于图纸、文案，须将设想落实到施工现场，以至监督、干预用料的制作；具体实施中更要与相关各方磨合，做不得已的妥协。所有这些，岂是我这样的书生所能应对！作为行外人士，我欣赏的，毋宁说更是无界设计团队的理念，即如"安住""乐活"，另如"微更新""微改造""微设计""轻介入""轻资产运营""低成本开发""小尺度下的微改造"，以至"如针灸一般微创与

介入式的改造"——切中时弊，较之具体项目，或许更有推广的价值。对成效的估量或有不同，上述原则对于相关行业，值得一再重申。无界设计团队所实行的"微改造"，或许多少也因财力所限，但也不妨换一种思路：这也是在严格给定的条件下创造最大的效益。

无界设计团队一再扩大作业范围，由京城而外地而乡村而国外。项目对象有北京城市副中心，也有村落；项目性质有外地商业性质的，也有带有公益性质的京城旧城区改造，以至援外项目，无界设计团队无不从容应付，并因项目性质的变换、场域的转移、涉及范围的扩展而自我提升、完善，化蛹成蝶。尽管岁月轮转，时间推移，这一团队长时间地保持生机勃发，展现出不会枯竭的原创性与潜能。我有幸或多或少地见证了这一过程，领略了团队虽受困于现实条件但仍不放弃专业理想与职业操守的顽强，也由他们坚持的理念、思路获得滋养。

对于无界设计团队业绩的评估，既有空间的也有时间的尺度。无论怎样，在我看来，正是这种一点一滴的改变，一片区一角隅的重新塑造，影响着未来中国的面貌。纵然因形格势禁，一些富于创意的设计未能实现在地面上，也以设计图、文案的形式为行业提供鉴借。纸墨更寿于金石，为一个时代的行业状况留文献，岂不是有不可替代的价值？

业界将包括无界景观设计在内的一些设计团队的项目介绍称为"来自前线的报告"，甚得我心。在一轮轮的城市改造、"新农村"建设潮中，建筑、景观设计的确位于"前线"。关心未来中国样貌的人们，无疑希望继续收到这种"来自前线的报告"。

赵园

绪论
INTRODUCTION

城市发展、公共生活与生活质量

城市要繁荣发展就需要吸引资本及人口,不仅要扩大就业机会,还需要提供更优质的资源与服务,创造良好的居住体验与高品质的生活环境。这些决定生活质量的无形因素正逐步成为城市发展的基本保障。

城市评价体系中的《中国城市生活质量报告》《中国城市竞争力报告蓝皮书》《城市魅力排行榜》把城市中的环境状况、人们的精神需求、物质生活水平、生活质量列为重要的评价依据。其中中国社会科学研究院发布的首个《中国城市生活质量报告》中指标涉及城市自然环境、绿地系统、文化设施、城市公园等因素。这些因素在城市中所处的地位正在逐步提高。除此之外,《中国城市竞争力报告蓝皮书》中的城市综合经济竞争力(当前短期竞争力)指数、可持续竞争力(未来长期竞争力)指数、宜居城市竞争力指数、宜商城市竞争力指数也涉及上述因素。为了应对经济和社会压力,城市必须不断提供具有高品质的生活环境,这也是大都市繁荣的根基所在。

城市公共空间中的公共生活是城市市民生活状态的缩影,公共空间是城市与市民的一座桥梁,也是反映城市面貌、发展与魅力的镜子,最早可追溯到古希腊及古罗马时期。我国的城市公共生活原依附于近代的民间庙会、灯会等事件,伴随特殊历史时期形成不同的建筑形式,随后衍生出了胡同文化、大院文化等半公半私性质的公共生活。近几十年随着经济的发展,大城市逐渐围绕市民衣食住行和就业、交往、休闲,具有系统性的商圈、娱乐圈、公园等,形成一些区域性的城市中心。同时,这种发展模式也在逐渐向中小城市扩散。新千年后,城市生活品质增速刷新,各种文化生

Urban development, public life, and quality of life

Any thriving city needs to attract large amounts of capital and people to increase employment opportunities and provide superior resources and services, which can facilitate a positive living experience and high quality of life. These intangible factors, which together determine a person's quality of life, are becoming increasingly fundamental to urban development.

The city evaluation system featured in Report on the Quality of Life in Chinese Cities,Blue Book of Urban Competitiveness and City Attractiveness Rankings applies environmental conditions, non-materialistic needs, material living standards, and the quality of life of urban residents as important criteria for evaluation. Among these indicators, the first Report on Life Quality Index of Urban Residents in China released by the Academy of Social Sciences in 2011, specifies the importance of factors such as urban natural environments, green space system, cultural facilities, and urban parks. In addition to this, the Blue Book of Urban Competitiveness also touches on the above factors in its General Economic Competitiveness of Cities (Current Short-Term Competitiveness) Index, Sustainable Competitiveness (Future Long-Term Competitiveness) Index, Livability of Cities Competitiveness Index, and Business Friendly Cities Competitiveness Index. In order to cope with economic and social pressures, cities must continue to provide a high-quality living environment, which can function as the foundation for thriving urban areas.

Public life in urban public spaces is a reflection of each urban resident's lifestyle. These spaces function not only as a bridge between a city and its citizens but represent an urban microcosm that mirrors the city's image, evolution, and inherent charm. This phenomenon can be traced back to the ancient Greeks and Romans.

Public life in our cities used to be closely tied to modern events such as temple fairs and lantern festivals, which resulted in distinct architectural forms during certain historical periods. This subsequently gave rise to a form of public life that was both public and private, which was embodied in the hutong culture and courtyard culture. In recent decades, as the economy continued to develop, big cities gradually transformed into regional urban centers related to commerce, entertainment, and outdoor activities, which addressed residents' needs for clothing, food, housing, transportation, employment, leisure

活增加，城市公共生活更加丰富，人们生活方式的改变，对城市发展提出了不断变化的需求。2020年随着新冠病毒疫情在全世界范围流行，公共生活与公共安全迎来新的需求与挑战。

城市绿色综合体的发展

"城市公园综合体"理念打破了对传统公园的认知界限，依托"绿色综合体（Green Complex）"实现城市可持续生长。绿色综合体泛指依托公园以及绿色开放空间而产生的综合体空间，缘起于对城市发展的不断探寻，伯纳德·屈米（Bernard Tschumi）与雷姆·库哈斯（Rem Koolhaas）在入围1982年巴黎拉维莱特公园竞赛（Competition for Parc de la Villette）的项目中，均描绘了一个绿色综合体的雏形。尤其是雷姆·库哈斯的方案，着重体现了对未来的不确定性、无等级性的思量，进而丰富内容以应对未来城市的发展，使公园的生命周期随着社会不断的变化而调整，逐渐强化公共空间的作用而放大"公园"对城市的意义。同时公园对城市发挥的作用越大，越可能处于一种永恒的修整状态。20世纪90年代，肯尼斯·弗兰姆普顿（Kenneth Frampton）也强调景观创造城市秩序的特殊意义，并提出将一些大都市的购物中心、停车场和商务区公园转变成景观化建造形式的设想。

与此同时，几个国际大都市都逐步开始这种模式的构想与建造。1987年创建的贝尔西公园（Parc de Bercy）源于巴黎中心工业区的城市改建，在保留了18世纪的贝尔西城堡（Chateau de bercy）和红酒储藏仓库以及大量历史遗留物的同时，改建了咖啡馆、酒吧、小菜园、展览馆等丰富的公共活动空间，激活了曾经废弃的场地。公园一并整

and social interaction, etc. Now, this pattern of development is also gradually spreading to small and medium-sized cities. The new millennium has seen a refreshing increase in the quality of urban life and types of cultural activities available. Together with changes in people's lifestyles, a more diverse public life has placed ever-changing demands on urban development. In 2020, as the COVID-19 epidemic spread throughout the world, a new wave of needs and challenges emerged in regard to public life and public safety.

Development of Urban Green Complexes

The concept of Urban Park Complex has exceeded the boundaries of traditional parks, and emphasizes on urban sustainable growth base on the idea of "Green Complex".The term "green complex" refers to a combination of spaces derived from parks, open spaces, and green areas, and was born out of an ongoing search for further urban development. In the 1982 competition for Parc de la Villette, Bernard Tschumi and Rem Koolhaas both depicted a prototype for a green complex. In particular, Rem Koolhaas's proposal focused on the uncertainty and non-hierarchical nature of the future and aimed to enrich the composition of urban spaces in order to respond to the needs of future development, so as to allow parks to adjust to the constant changes in society and extend the life cycle of such spaces. In doing so, the role of these green complexes could continue to be reinforced as public spaces, while amplifying the significance of the "park" to urban residents. In the 1990s, Kenneth Frampton also emphasized the unique significance of landscapes in creating urban spatial order and proposed the idea of transforming certain major shopping centers, parking lots and parks in commercial zones into landscaped construction.

During this period, several international cities gradually begin to envision and develop this model. The construction of Parc de Bercy, which began in 1987 as a result of the urban renewal of an industrial area in the center of Paris, aimed to preserve the 18th century Chateau de Bercy and its wine cellars, in addition to a large number of historical relics, while transforming the sites into a variety of public spaces which could support cafes, bars, small vegetable gardens, exhibition halls, etc., so as to revitalize the previously abandoned area. The park also integrated the Palais omnisports de paris bercy, La Cinémathèque française-Musée du Cinéma, metro station, and Bibliothèque

合了贝尔西体育馆（Palais omnisports de paris bercy）、法国电影博物馆（La Cinémathèque française-Musée du Cinéma）、地铁站，以及人行桥相连的法国国家图书馆（Bibliothèque nationale de France），将人文资源、历史资源与城市资源整合在一起，形成一处独具活力的城市公共活动空间，有效发挥了城市绿色综合体的作用。

近十年间，绿色综合体逐步向公共空间渗入，并容纳和包含各项公共活动设施，将绿色渗透进入城市建筑与城市道路等各类灰色基础设施之中。波士顿罗斯·肯尼迪（Rose Kennedy）码头地区的绿道公园，通过整合过境交通并将其移至地下的方式，使地面绿带公园串联周边的写字楼、行政楼、商业与居民楼，原本被切断的城市北部尽端地区、滨海区域和中心商业区重新恢复了联系，不仅让本地居民参与到城市的经济生活中，也将南部的中国城公园、杜威广场、海峡公园、中部的码头公园和北端公园系统地联系为一个整体，将绿地资源的有效利用达到最大化，激发了城市旅游业的发展。芝加哥千禧公园（Millennium Park）囊括了地下停车场、露天音乐厅（Jay Pritzker Music Pavilion）、云门广场（Cloud Gate square）、皇冠喷泉广场（Crown Fountain square），与格兰特公园一起实现将现代艺术与文化、娱乐、健身等多元化要素的融合，发展成为国际性设计文化与城市休闲功能的聚集地。

开放的城市绿色综合体能够有效提升城市活力，激发城市发展的动力，为城市带来文明、健康，以及社会公正与经济发展，是展现城市活力和人民生活质量的有效途径。城市绿色综合体更强调开放性、公共性、娱乐性，使其能够成为一个磁力的汇聚点，聚集各类城市资源，并最大化地释放城市的活力。

nationale de France, which was connected by a pedestrian bridge. By incorporating these cultural and historical resources into existing urban resources, a unique and dynamic space for public activities was formed, which played an important role in the development of an urban green complex.

Over the last decade, green complexes have gradually spread into the public space, while accommodating and incorporating various facilities related to public activities and greenifying various gray infrastructures such as urban buildings and roads. By consolidating traffic and moving it below ground, the Greenway in Boston's Rose Kennedy Wharf supports an above-ground greenbelt which connects surrounding offices, administrative facilities, and commercial and residential buildings, and reconnects the northern end of the city, waterfront area and central business district, which were originally cut-off from each other. This not only allows local residents to participate in the city's economic life, but also comprehensively links Chinatown Park, Dewey Plaza, and Channel Park in the south, Marina Park in the center, and North End Park in the north. In doing so, the city's green spaces have been used more efficiently, while stimulating local tourism. Millennium Park in Chicago includes a variety of facilities, including underground parking, Jay Pritzker Pavilion, Cloud Gate,Crown Fountain and Grant Park. Together, these features have achieved a fusion of modern art, culture, entertainment, and fitness, which has given rise to an international hub for design, culture, and urban leisure.

An open urban green complex can effectively enhance the vitality of a city, while also stimulating urban development and enhancing aspects of culture, health, social justice, and economic development, so as to effectively showcase the vibrance of the city and its residents' quality of life. Urban green complexes place a greater emphasis on openness, community, and entertainment, which allows them to serve as attractive converging points, which concentrate a variety of urban resources, while unleashing the city's limitless dynamism to the fullest extent possible.

Issues and Challenges

Against this backdrop, green complexes are becoming both an economic engine and important medium for urban development. At the same time, they are a path to

问题与挑战

在这一背景下，绿色综合体正逐渐成为城市发展的经济引擎和重要媒介，同时也是最集约化的途径。绿色综合体还是一种文化形式，承载城市活动和重要事件，通过它可以描述并观察当代的城市。

（1）在新冠疫情大背景下，更需要鼓励健康的生活方式

我们的城市不断面临新的变化，从工业化、后工业化时代到信息化、数字化、"互联网＋"时代，人们的生活方式也在不断变化，人类获取信息及物质的能力不断增强，各种网络系统遍布城市，便捷化的移动办公、多样化的电子商务与万物互通的物联网使人们在获得便利的同时，逐步远离传统的交往与生活方式，加之新冠疫情的影响，更加速了"互联网＋"向"互联网家"的转变，过于室内化的生活方式挑战各国人民的耐受性，同时也不利于人们的身体与心理健康。

利用绿色综合体整合城市休闲、消费、健身、文化、娱乐等资源，强化建筑与室外环境的互动性，促使更多的室内活动转向室外，发挥室外空气流通和空间开阔的优势，构建人们更为丰富、健康的生活方式，提高人们的健康意识，鼓励市民从室内走向自然，投入到面对面的公共生活中，展现健康的城市生活景象。

（2）激活场地内在的经济价值

在不断整合公共设施的过程中，更为有效地建立资源间的内在联系，同时充分形成室内外互补的公共空间模式。这种公共空间模式并不拘泥于传统以室内为核心向外延展的空

intensification and a cultural form that embodies urban activities and important events, through which contemporary cities can be characterized and observed.

The coronavirus epidemic has created a greater need to promote healthy lifestyles

Cities are constantly facing new changes, and the lifestyle of each society as a whole has rapidly evolved throughout the eras of industrialization, post-industrialization, informationization, digitalization and the "Internet+" era. Humanity's ability to acquire information and materials is constantly increasing, which has given rise to a multitude of network systems spread across cities and convenient mobile offices. Diversified ecommerce services and the Internet of Things (IoT) have made everything interoperable, and although this has provided a greater level of convenience, it has also eroded the interactions and lifestyles of the past. The impact of the coronavirus epidemic has accelerated the transformation from "Internet+" to "Internet at Home". However, this has resulted in an excessively indoor lifestyle which challenges people's tolerance and is not conducive to their physical and mental health.

Using green complexes to integrate resources related to urban leisure, consumer spending, fitness, culture, and entertainment, can reinforce the interactivity between buildings and the outdoor environment. At the same time, encouraging activities to be held outdoors, so as to take advantage of fresh air and open spaces and promote a healthier and more enriching lifestyle, can increase people's understanding of health and encourage residents to embrace nature, engage in public life through face-to-face interactions, and present a thriving urban lifestyle.

Activating the intrinsic economic value of spaces

By continuously integrating public facilities, intrinsic relationships between resources can be established more effectively, while forming a model of complementary public spaces that encompass both indoor and outdoor elements. This model does not adhere to traditional spatial layouts and functions which feature an indoor core that extends outwards, but gradually blurs indoor and outdoor spaces, or tends to be decentralized. Indoor space is no longer the core of the entire area, and complexes which are formed

间格局及功能，而具有室内外空间逐步模糊化或带有中心分散化的趋势。室内空间不再作为整个区域的唯一核心，由室外公共空间形成的综合体形式也在逐步形成。在以室外公共空间为中心或是次中心的综合体中，释放公共空间的经济价值成为重中之重，其轻资产化、空间多变性、资源灵活性、空气流通性等优势也逐渐显露。

（3）城市遗留土地、新建城区与城市更新

随着经济与技术的不断发展革新，产业结构不断调整，大量依附于传统工艺、单一功能、市场萎缩的制造企业和污染企业，甚至是商业街区正在从城市中搬离或消亡，产业结构的调整遗留下来了大量土地。与此同时，原来那些不发达地区因为突然迁移来的人口、产业等，需要集中新建大量的公共服务设施，这也给快速发展的城市带来诸多挑战。

遗留的土地需要土壤、水系统、生态系统的恢复，通过绿色综合体的方式修复和复兴这些地方的城市形态，建立其与城市发展之间的联系。在不发达地区新建城区应集中整合区域内的有限城市资源，在短时间内快速形成独具活力的城市公共活动空间，为新区市民提供高质量的公共生活品质与保障，有效发挥绿色综合体的作用。

（4）资源有限、人口流失的中小城市集约化发展之路

虽然近年来一些中小城市发展迅猛，有一定经济及公共资源基础，但由于城市发展时间较短，文化、自然资源相对匮乏，教育、精神消费等方面相对薄弱，城市公共生活质量仍处于比较低的层面。

这些城市普遍存在公园绿地规划缺乏系统性，公共空间分布不均，缺少连接，与城市自然格局联系较弱等特点。第

by outdoor public space gradually take shape. These complexes allocate outdoor public space as the center or sub-center and place a high priority on realizing the economic value of the space. In doing so, inherent advantages, such as being asset-light, versatile spaces that offer flexible resources and fresh air gradually become more apparent.

Urban heritage, new urban areas and urban renewal

As the economy continues to develop and new technological innovations emerge, industry structures are constantly having to adapt. A large number of manufacturers, polluting enterprises and even commercial districts characterized by traditional craftsmanship, monofunctionalism, and shrinking markets, are either dying out or moving away from urban areas. As a result, large tracts of land are being left behind. At the same time, formerly underdeveloped areas must consolidate a significant amount of new public services and facilities due to the sudden migration of people and industries, which also poses a variety of challenges to rapidly developing cities.

The restoration of soil, water systems, and ecosystems is necessary to revitalize the urban form of these areas and establish their connection to urban development by utilizing green complexes. New urban areas in underdeveloped regions should focus on integrating the region's limited resources to rapidly form public spaces that are unique and dynamic, and which can provide a high quality of public life and security for the residents of these new areas. In doing so, the role of urban green complexes can be effectively realized.

The path to intensive development for small and medium-sized cities with limited resources and declining populations

Although some small and medium-sized cities have developed at a rapid pace in recent years and have a certain degree of economic and public resources, the quality of public life in these areas is still relatively low due to short-term urban development, a relative lack of cultural and natural resources, and limitations in education and non-materialistic consumption.

These cities are generally characterized by a lack of structured parks and green spaces, an uneven distribution of public spaces, inadequate integration, and weak connections to the area's natural layout. First, urban parks are less accessible because

一，城市公园由于边界过于封闭，公共性与可达性较差。很多城市虽然有丰富的历史文化资源，如风景名胜区、皇家园林等，但通常是高墙环绕、栏杆围合、限时开放，这种封闭式管理使得公园与城市形成了"园"与"城"的分隔关系。第二，对公园绿地的资金投入不足，服务设施的缺乏也极大影响公园的使用质量，降低公园活力。公园与城市其他文化设施联系不强，城市资源过于分散，功能单一，缺乏绿地资源与文化资源、城市资源、自然资源的共享与互补。第三，公园的建设和管理并不是一朝一夕而得，因缺乏专业的策划运营团队，导致公园有人建设没人策划运营，展现不出更丰富的城市生活，仅发挥绿地最基本的生态与休闲功能，而不能将资源利用最大化。

在此背景下，中小城市更应走资源集约化之路，通过景观整合有限资源，将城市河道、山体、公共建筑、城市广场、街道及开放式的公园串联形成城市绿色综合体，集约整合城市资源，利用有效的策划管理及优势互补特点，使其成为提升城市魅力和活力，提高人们生活品质的重要举措。

实践历程

本书仅涉及城市空间的绿色综合体案例，同时也旨在探讨城市生活、发展与绿色综合体之间的关系，因此对绿色综合体本身有论述不周之处，望读者见谅。

我们对于城市绿色综合体与城市系统性联系及其作用的研究始于2005年唐山凤凰山公园改造与扩绿工程。承接项目后，我们并没有沿用通常的手法去处理，而是将其看成一个资源载体，运用"穿行"的手法，将周边的民俗博物馆、大成山公园、体育馆、学校、活动中心、居住区、图书馆、

their boundaries are too restrictive. Although many cities have abundant historical and cultural resources, such as scenic landscapes and royal gardens, they are generally surrounded by high walls, enclosed by railings, and only open to the public for a limited period of time, which creates an isolated relationship between the park and city. Second, the lack of financial investment in parks and green spaces, and a lack of services and facilities, greatly affects the experience it can offer, while diminishing the park's vitality. These spaces are not strongly linked with other cultural resources and the available urban resources are too fragmented and monofunctional. This is exacerbated by green spaces lacking the necessary integration and supplementation of cultural resources, urban resources, and natural resources. Third, the development and management of a park is not achieved overnight. Parks which are built without any professional planning or operations team are unable to showcase an enriching urban life and can only provide the most basic ecological and recreational functions inherent to green spaces, without maximizing available resources.

In light of this, small and medium-sized cities should focus on resource intensification and use landscapes as a tool to integrate limited resources. By linking urban rivers, hills, public buildings, city squares, streets, parks, and open spaces to form green complexes, consolidating urban resources, and applying effective planning and management techniques and other supplementary aspects, a city's charm and vitality can be enhanced, while improving the quality of life for residents.

Practical Cases

Because this book is primarily focused on urban projects, and aims to explore the relationship between urban life, development, and green complexes, the book's content only touches on the urban aspect of green complexes. We apologize in advance for any limitations on the discussion of green complexes themselves.

Our research on the systemic linkages between urban green complexes and cities and the role they play began in 2005 during the renovation and green expansion of Phoenix Mountain Park in Tangshan.

After taking over the project, we veered away from conventional methods. Instead,

医院等城市资源和社会生活串联起来，形成城市的有机体，并作为周边居民日常生活的扩展与延伸，将公园"消解"于城市之中，成为市民的"城市客厅"，不断激发城市活力。

之后十几年间我们始终坚持模糊化广场、街道等公共空间与公园、绿地之间的类别界限，意图为城市建立更多的绿化资源，并与其他资源相互连接，形成一个整体且连续的城市景象。在齐文化博物院景观设计中，我们将博物馆群落与周边公共空间乃至淄河城市风光带整合一体构建博物馆公园，使其兼具开放性及多元化互补的特点，通过建立与城市中齐故都遗址、四王冢等数十个遗址和博物馆等文化设施的联系，构成以博物馆公园为中心的齐文化历史文化旅游资源网络，成为城市文化、休闲的载体。我们又在深圳南油购物公园、浙江温岭新城核心区体验式商业与绿色综合体、北京大望京国际科技商务区城市公共空间与中心公园等项目中将大型商业、办公及公共设施与公园融合在一起，激发城市活力，提升土地价值，并成为城市的聚焦点。在其他一些项目中，我们也尝试将公园绿地更好地与土地综合开发利用建立联系。

经过十几年实践与探索，我们在设计中面对来自城市不同层面的问题，绿色综合体也逐渐成为解决这些城市问题的手段之一，我们不断探索及拓展其外延在城市优化与发展中所起的作用，使其更好地成为承载城市事件、激发城市活力、提高市民生活品质的一种有效工具。

we viewed our role as a resource provider and used a "walkthrough" approach to connect the surrounding folk museum, Dachengshan Park, gymnasium, school, activity center, residential areas, library, hospital and other municipal resources and aspects of social life, so as to form an urban organism. As an expansion and extension of the surrounding residents' daily life, the park essentially "dissolves" into the city, transforming into an "urban living room" which may be enjoyed by residents while stimulating the vitality of the city.

For the following ten years, we continued to blur the boundaries between public spaces such as squares, streets, parks, and green spaces, with the intention of creating a variety of green resources for urban areas, which could be integrated with other resources to form a complete and continuous urban landscape. While planning the landscape design for the Qi Culture Museum, we integrated the museum complex with surrounding public spaces, and even the Zi River's scenic belt, to create a museum park which is accessible, diversified, and functionally supplementary. Through the integration of dozens of the city's historical sites and cultural features, such as the former capital of the State of Qi, the Four Kings' Mound, etc., a network of historical and cultural resources centered on the museum park was formed in support of Qi tourism, so as to transform the area into a cultural and recreational conduit for the city. We have also integrated large-scale commercial properties, office spaces and public facilities with parks in myriad projects, such as Shenzhen's Nanyou Shopping Park, Zhejiang's Wenling New City Core Area Experiential Commercial and Green Complex, and Beijing's Dawangjing International Science and Technology Business District Urban Public Space and Central Park with the goal of stimulating urban vitality, increasing the land's value, and becoming a focal point of the city. In other projects we have undertaken, we also endeavored to establish links so as to achieve the integrated development and use of parkland and surrounding spaces.

After more than ten years of exploration and implementation, we have been confronted with a wide range of challenges from different sectors of the city in our designs, and green complexes have gradually become a viable solution. We will continue to explore and expand its role in urban optimization and development, so that it can better become an effective tool to accommodate urban events, stimulate urban vitality and improve the quality of life for residents.

目录 CONTENTS

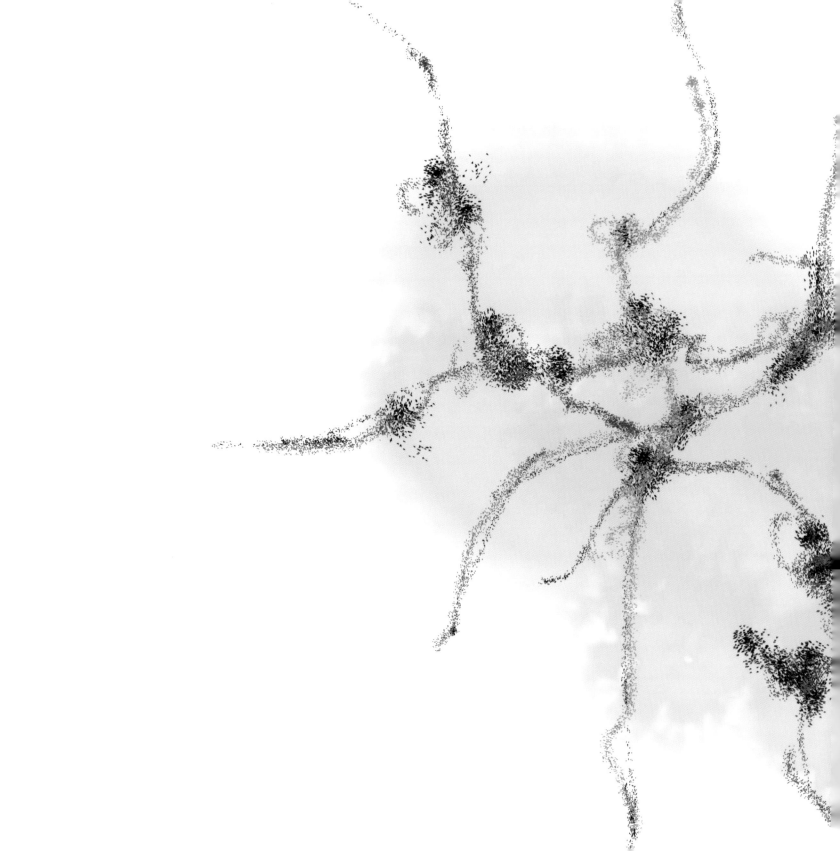

穿行　叠加　整体的连续美丽

01 唐山凤凰山公园改造
Tangshan Phoenix Mountain Park Renovation

◎ **项目地点：** 中国 唐山　　　　◎ **Project location:** Tangshan City, China

◎ **项目规模：** 约 37 公顷　　　　◎ **Project scale:** 37 hectares

◎ **设计时间：** 2005—2006 年　　◎ **Design period:** 2005-2006

◎ **施工时间：** 2006—2008 年　　◎ **Construction period:** 2006-2008

　　唐山凤凰山公园改造项目依托于市中心原有城市公园基地，通过穿行与叠加的设计手法，保留了原有公园的历史与记忆，同时整合周边的城市资源，打破城市公园边界，赋予场地新的活力。改造后的公园成为城市空间有机生长的一部分，不仅与周边环境紧密融合，更成为人们生活中不可或缺的精神家园，塑造人们使用公共空间的全新方式，激发潜在的社会责任感。

The Tangshan Phoenix Mountain Park Renovation project draws from the original park in the urban center. By applying the design techniques of threading and superposition, the history and memory of the original park have been preserved, while integrating the surrounding urban resources and removing the existing boundaries of the city park, so as to reinvigorate the site.

The transformed park has become part of the organic growth of the overall urban space. In addition to integrating closely with the surrounding environment, it has also become an indispensable spiritual center in people's lives and is stimulating an underlying sense of social responsibility by reshaping the way we use public space.

位于河北省东部的唐山，毗邻京津，是以能源丰富而闻名的工业城市。在文化艺术方面，唐山还是中国评剧的发源地。市民具有爽直、勇敢、随缘、幽默、爱玩且重视体育锻炼等特质，这些都赋予唐山不同于其他城市的公共生活独特内涵。

建于1956年的凤凰山公园位于市中心区域，是该市最早的公园，原有占地面积约20公顷，是市民重要的社会活动场所。随着年长日久与时代变迁，老公园正在逐渐地失去活力，但依旧可以感受到市民对公园的感情及其在城市中的重要性。

穿行

为了适应城市的发展与市民的需求，公园面积最终扩大到37公顷。我们以"穿行"作为设计概念，使公园边界完全向城市开放，将坐落在公园内的唐山市博物馆，周边的民俗博物馆、大成山公园、体育馆、学校、干部活动中心、居住区、景观大道、图书馆、医院等城市资源和社会生活结合起来，成为城市的有机体，使公园"消解"于城市之中，成为市民的"城市客厅"，激发城市活力。同时穿越公园的路径将风景编织进市民的生活，公园与城市，与社会生活紧密联系。

"穿行"丰富和扩展了公园的功能，使公园不再是一个传统意义的"园"，而是城市中一段段美好生活的承载体。我们提倡市民步行或骑自行车穿越公园到达城市的各个角落，使公园生活成为市民日常生活的一部分。公园道路是体现设计理念的重要元素，以雕塑的手法将道路、地形、植被、休憩设施结合起来形成新颖好玩的活动空间，让人们享受穿行所带来的乐趣，还激发了市民的热情和创造力。公园的改造设计拆除原有围墙，使边界向城市打开，将大门改造为广场，通过广场中的水景引入凤凰山的景致，成为公园的入口标志景观。改造后的公园已经成为唐山市的新名片。

叠加

我们在进行公园设计时注重新场景上的历史片段叠加。唐山凤凰山老公园承载了大量的历史文化信息，因此，我们保留了有价值的活动场所及雕塑并进行改造，根据已有活动的需要增加场地的舒适度，使人们更加愿意驻足观赏和停留。重要的历史片段得到保留并与新的场景相互叠加，使历史得到延续和发展。园内一些富有现代气息的设计可为人们带来新鲜感，引发艺术、文化等新的活动。

公园设计还注重叠加运用生态设计手段。在种植设计上，保留了园内植被，同时遵循适地适树和生物多样性原则，多选择地方树种，并增加宿根地被花卉、观赏草等节水、易养护植物。在水景设计上，注重节约水资源及循环利用，并采用景观生态措施进行水质处理与净化。在铺装及构筑物材料上则多选择透气透水和可回收材料，减轻环境负担。

整体的连续美丽

以"穿行"打破城市区隔，以共享推动融合。人们能穿过公园到周边的任何一处，使公园的道路成为不受机动车威胁的最安全的道路，使穿行者有不期而遇的种种惊喜。在纵横的公园道路中，在富于变化的景观中——风景就此融入穿行者的活动。

可供"穿行"的公园，是一个开放空间。它提供了利于交往的空间，鼓励多种活动同时展开，成为周边居民日常生活的扩展与延伸。设计所包括的环境对于"穿行"者的影响，属于心理和精神的层面，体现了功能设计中的非功利性。设计以"整体的连续美丽"给予进入者、穿行其中者潜移默化的影响，将快乐、健康、环保的生活方式传达给唐山市民，缓解、释放他们的各种压力，促进社会的和谐。不同的使用者在不同的时间，为了不同的目的来到或穿越公园，将公园作为他们的"公共庭院"，由此逐渐培养起对这一公共设施的责任感与城市精神。

中学

医院

大成山公园

民俗
博物馆

TANGSHAN CITY
OF QUALITY AND
TECHNICAL SUPERVISION

标准计量局

开滦第一中学

老干部活动中心

北新道

北新道

北新道

城市绿地

体育馆

居住区

小学

陶瓷厂

唐山市政府

图书馆

保留
建筑

居住区

凤凰路

居住区

体育馆

工人医院

居住区

电视台

居住区

居住区

城市绿地

居住区

景观步行道

小学

长途汽车站

血液中心

居住区

居住区

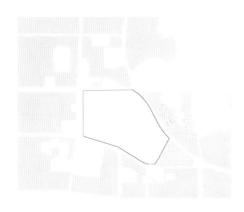

镶嵌在城市中的地块。

地块中留下的历史建筑与大片树林和凤凰山。

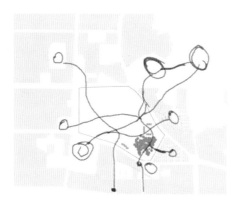

地块中穿行的路径将公园和市民的生活联系在一起，并使得公园向城市开放。

由路径而激活的点开始出现并产生活力。

通过对南门区广场中数个水膜水池的控制（水池的开启与关闭/池中喷泉的开启与关闭/雾喷泉的开启与关闭）让广场空间在不同的时间拥有不同的氛围，或感人，或快乐，或优美，加上人们在广场上各种各样的活动，使这里每时每刻都发生变化，就像一个个丰富的城市表情。

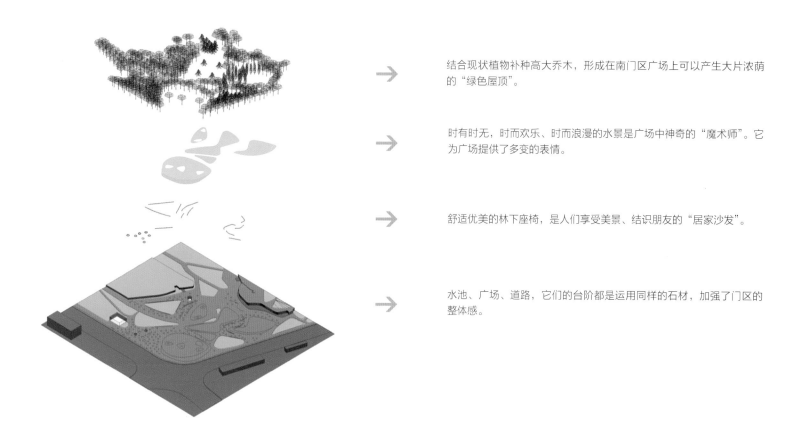

→ 结合现状植物补种高大乔木，形成在南门区广场上可以产生大片浓荫的"绿色屋顶"。

→ 时有时无，时而欢乐、时而浪漫的水景是广场中神奇的"魔术师"。它为广场提供了多变的表情。

→ 舒适优美的林下座椅，是人们享受美景、结识朋友的"居家沙发"。

→ 水池、广场、道路，它们的台阶都是运用同样的石材，加强了门区的整体感。

改造后的凤凰山公园主入口南门区水漫广场，孩子骑着单车滑过水面的瞬间。

2007年4月4日
改造前的凤凰山公园
主入口南门区废弃的
喷泉水池。

2009年5月1日
改造后的凤凰山公园
主入口南门区水漫广
场（无水时）。

2008年5月1日
改造后的凤凰山公园
主入口南门区水漫广
场（有水时）。

改造后的绿野仙踪。

改造后的听雨廊桥。

改造前的超级票友会。

改造后的超级票友会。

初秋，阳光下的银杏广场。

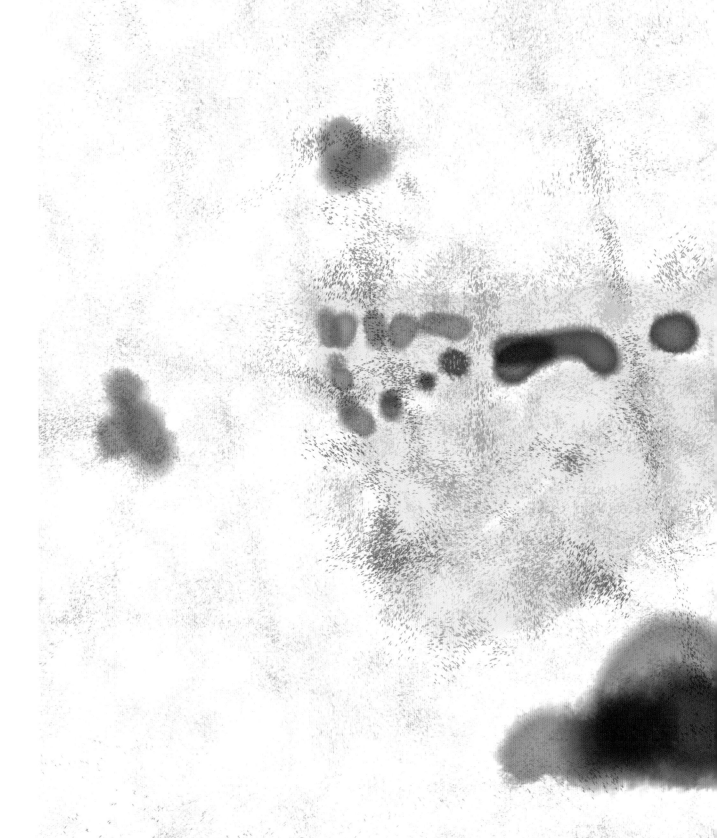

消解博物馆边界　互联　窗口

02 淄博市齐文化博物院公园
Landscape Design of Zibo Qi Heritage Museum

- **项目地点：** 中国 淄博
- **项目规模：** 59 公顷
- **设计时间：** 2011—2013 年
- **施工时间：** 2013—2018 年

- **Project location:** Zibo City, China
- **Project scale:** 59 hectares
- **Design period:** 2011-2013
- **Construction period:** 2013-2018

淄博市齐文化博物院景观设计项目具有独特的历史文化背景，即齐文化发祥地与世界足球起源地，设计基于深厚的文化底蕴，通过消解博物馆边界，创造了打破室内外限定，融合展览、消费与演艺等多元功能的现代博物馆体验方式。同时，以网络化的形式串联场地周边齐文化遗址历史资源，将博物院公园综合体打造为城市形象的窗口和城市文化的代言人。

The Zibo Qi Heritage Museum landscape design project has a unique historical and cultural background. As the birthplace of Qi culture and cuju, an ancient iteration of football, the design is based on the area's profound cultural heritage. The dissolution of the museum's boundaries creates a modern museum experience by merging indoor and outdoor areas and integrating exhibitions, commercial elements, and performance areas. At the same time, historical resources of Qi cultural sites are presented as a network, which cascade together throughout the site, showcasing the museum's green complex and its role as both a window into the city and representative of the city's culture.

淄博是一座老牌的省辖市，在山东省内，论经济总量赶不上省会济南，甚至不及烟台、潍坊，论知名度，也不如青岛，但却是一座国家历史文化名城，历史可追溯到8000年前，是我国齐文化的发祥地，也是世界足球的起源地。

在这个历史文化底蕴深厚的城市里，博物馆应具有特殊的意义。它应该是城市文化的象征，也应该是城市居民的休闲场所，以其优雅的环境、浓郁的文化氛围，使参与者在增进知识的同时，享受美感、陶冶性情。淄博市临淄区是齐文化的发源地，政府希望在此建设博物馆群落，成为市民文化活动的中心，以公共设施建设唤起公众对于地域文化的共识，以博物馆的建设带动城市面貌的更新，实现临淄中心区域向东沿淄河两岸发展的城市空间结构调整，提升城市与地区的文化形象。

消解博物馆边界

齐文化博物院公园的建设无疑是一次对"齐文化"的再定义。我们将齐文化博物馆、足球博物馆、八个民间博物馆以及文化市场等建筑群落，与其外部公共空间、公园绿地及淄河城市风光带整合构建成博物馆公园综合体。并且赋予其开放性、多元化、多功能的特点，避免成为一次性消费的公共场所。在整合博物馆功能和公园功能以外，还增加了餐厅、书店、礼品店、室外市集、球场、表演场、室外课堂，以及举办活动的各种场地和休憩区，甚至配套的酒店等场地。齐文化博物院公园真正成为城市的客厅，成为市民休闲、聚会、消费、学习的场所。

传统意义上的博物馆是对于某种特定文化符号的展陈，人们抱着参观的心情恭敬地进入这一场所，按照安排好的路线完成参观，整个过程具有仪式性。这样的博物馆之旅很难收到普及文化、增进知识之效。一方面，博物馆的展览信息量大、参观线路缺少灵活性，使公众难以有效吸收；另一方面，"参观"这种行为本身与公众日常生活状态泾渭分明，公众与展品及其传达的信息间缺少交流、互动，不易产生共鸣。日常生活中，我们往往是把场所和事件联系起来记忆的，因此将博物馆从一个被参观的空间，转变为日常生活事件发生的场所，消解博物馆的边界，使其与公众之间建立新的、更为日常的关联方式，就成为促进公众产生共鸣、培养集体记忆的有效途径之一。齐文化博物院公园正是通过消除自身的边界，引入

各种互动手段及新技术，从设计及思维上消解城市、市民与博物馆的距离感，使人们在场所之中自觉或不自觉地产生与主题相关的体验。

室外空间作为开放的齐文化大课堂，与室内展陈空间相辅相成，被赋予互有关联又各不相同的文化主题，并通过地形、植物、铺装、景观元素的设计，使人们在场所之中产生与主题相关的体验。这样的设计手法消解了博物馆的建筑边界，使得齐文化的体验在不经意间融入公众的日常活动，强化了公共空间对公众的教育意义，潜移默化地使得齐文化成为公众意识的一部分。

不久的将来，逛齐文化博物院公园会成为公众共同认可的一种生活方式，它的存在以及人们的使用方式，也将激活周边城市空间的发展，并在未来的数十年里逐渐重塑城市的文化形象。

互联

如果博物馆只能提供展览的功能，将很难摆脱被人群一次性消费的命运。我们意图使齐文化博物院公园成为一个城市的绿色综合体，成为城市的客厅，与周边功能形成"互联"，具有开放性并被公众所深深喜爱。它是人们反复学习的场所，也是人们休闲、消费、聊天聚会的场所。它是功能上的综合体：不仅有涉及众多学科的博物馆群提供室内展陈，更有大量室外活动空间；有餐厅、书店、礼品店、球场、市集，甚至配套酒店……来自城市各地的人们选择它，享受它提供的不同功能的服务。逛博物院成为公众共同认可的一种生活方式，人们在这种日常性的交流与沟通中强化有关齐文化的集体记忆，填补城市的文化断层。

与此同时我们计划以齐文化博物院公园作为中心，将散落在城市中的齐故都遗址、四王冢、田齐王陵、东周殉马坑遗址等数十个遗址和博物馆等文化设施形成互联，构成以博物馆公园为中心的齐文化历史文化和旅游资源网络。

窗口

如今齐文化博物院公园既承担着对公众进行知识传播、历史文化教育，以及市民休闲的功能，同时也推动了国际层面的文化传承与交往，成

为淄博乃至中国国际文化交流的窗口。

2015年国家主席习近平访英，在英国首相卡梅伦的陪伴下，将来自齐文化博物院的，代表齐文化与足球文化的四片仿古蹴鞠作为国礼分别赠送给英国国家博物馆、英国国家足球博物馆、英国曼彻斯特城足球俱乐部与曼彻斯特城市足球学院，齐文化博物院也与各馆建立了友好合作伙伴关系。此外，齐文化博物院还吸引了国际足联主席、亚足联秘书长、中国足协、国家体委负责人、各国著名球星等先后到访；中央电视台《我有传家宝》《非常传奇》《百家讲坛》《艺术里的奥林匹克》《衣尚中国》《国宝档案》《文明之旅》等栏目也纷纷播出了关于齐文化、蹴鞠文化及齐文化博物院的主题纪实节目；2017年中超联赛开幕式首次从世界足球起源地齐文化博物院临淄足球博物馆迎取圣球。随着核心媒体持续的报道，齐文化博物院在全国乃至世界层面频频亮相，持续产生了深远的影响力。对于城市而言，博物馆综合体的存在以及人们的参与、使用，注定会激活城市，也期待齐文化博物院为城市的自我更新和可持续发展带来源源不断的活力。

项目区位

以齐文化博物院公园为核心连接齐文化旅游资源

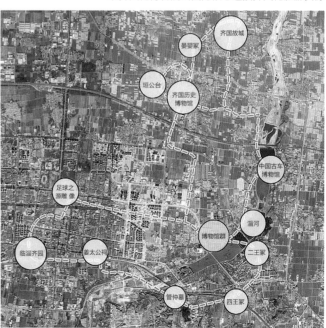

齐文化博物院是由齐文化博物馆、足球博物馆、八个民间博物馆以及文化市场等建筑群，与古河床遗迹保护区、原滨江植物园等室外空间共同构成的。

平面图

通过绿道将散落在城市中的齐故都遗址、四王冢、田齐王陵等数十个遗址及文化设施形成互联。公园中的水轴指向3.5公里以外的四王冢，并与二王冢遥相呼应。

二王冢

四王冢

淄河

垣公广场

博物馆

水轴

齐文化博物馆

博物馆公园是集文化收藏与展示功能于一体的共享文化空间，与此同时也是城市居民的休闲场所，优雅的环境、浓郁的文化氛围，使参观者在增进知识的同时，享受美景、陶冶性情。

齐文化博物馆夏景

齐文化博物院公园成为城市绿色综合体，是城市的客厅。逛博物院成为公众共同认可的一种生活方式，人们在这种日常性的交流与沟通中强化了有关于齐文化的集体记忆，填补了城市文化的断层。

多功能的空间为举办齐文化
旅游节、文化课堂、室外表
演、集市等各类文化活动提
供了便捷与舒适的场所。

从齐地汉代铺地砖与铜犀尊上的错钱纹理中提取齐文化纹样及齐国元素运用于水池设计，使人们在场所之中可以自觉或不自觉地产生关于主题的体验。

将战国至秦汉时期的
"齐"字演变史提炼出来
雕刻于休憩座椅与构筑
物上，鼓励游客通过拓
印的方式深入了解相关
文字演变过程与齐文化。
传统文化融合新玩法使
公众可以边学边玩，更
好地认识齐文化。

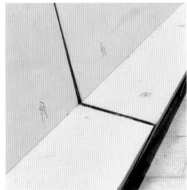

将提取自临淄出土半瓦当，并经过分解、演变后得到的形态，利用淄博当地特色的琉璃工艺，镶嵌在水池铺装之上。

通过雕刻、镶嵌等手法将齐瓦当、陶瓷、琉璃、金属等当地传统文化元素融入景观中，并与当地的琉璃产业结合形成纪念产品，推动产业发展。

提取《齐民要术》、编钟等齐文化代表作中的内容后雕刻、镶嵌于古河床展示区文化墙上。

将新媒体艺术融合于环境之中，使现实和虚拟相结合，这种形式更容易吸引公众的关注并传达信息，公众也更愿意通过网络分享传播，扩大齐文化的影响。

无边界的立体公园　构建公共生活与建筑之间的"桥梁"

03 日照科技文化会展中心公园
Landscape Design of Rizhao Science and Technology Cultural Center

项目地点： 中国 日照　　　　　　　　**Project location:** Rizhao City, China

项目规模： 45 公顷　　　　　　　　　**Project scale:** 45 hectares

设计时间： 2017—2018 年　　　　　　**Design period:** 2017-2018

施工时间： 2019 年至今　　　　　　　**Construction period:** 2019-

　　日照科技文化会展中心公园项目位于城市中央海通绿廊城市综合体活力轴的尽端，周边景观资源丰富，区域内包含会展中心、大剧院、科技馆、酒店及商业建筑，是一处资源综合性较强的场地。我们利用园林景观作为融合建筑及其他城市功能的载体，通过视线通廊打造界面通透的连续性城市景观，结合绿色建筑屋顶与地形变化，建立无边界立体化公园系统。这一绿色综合体创造了丰富的活动事件，避免了单一功能的大型会展建筑在展会后的萧条场景，为市民的公共生活提供了十分适宜的场所。

The Rizhao Science and Technology Cultural Center landscape design project is located in the city's central Haitong green corridor. The surrounding landscape features a wealth of diverse and comprehensive resources, including an exhibition center, theater, science and technology museum, hotels, and commercial buildings. The design uses landscape as a vehicle to integrate complex architectural functions and creates a continuous urban landscape by utilizing viewing corridors and transparent surfaces, and combining green roofs with topographic variations to establish an unbound multi-dimensional park system. This green complex supports an abundance of activities and events, while avoiding the depressing scenes which are the pitfall of large single-function buildings after exhibitions have ended. Instead, the complex provides a dynamic urban venue for resident's public life.

日照，山东省的一个滨海城市，独特的名字令人印象深刻，曾获得联合国人居奖，同时成功举办过多次国际和国内的水上运动和健身赛事，市民对身体健康及高质量生活有着美好向往。

项目位于市区海滩奥林匹克水上公园片区内，是中央海通绿廊城市综合活力轴的东端，另一端是市政府。片区涵盖了多种城市功能，万平口潟湖、滨海景区、婚庆公园、湖区酒店、划水俱乐部、海洋公园、东夷小镇、日出东方海之秀、植物园等均位于此，本项目涉及的会展中心、大剧院、丁肇中科技馆及配套酒店和商业，将成为这个综合体片区的最后几块拼图。

无边界的立体公园

在充分了解场地信息之后，我们利用景观肌理作为纽带，将两个主体建筑相互衔接，并将一个大型停车场纳入其中，构建一个整体而连续的城市景观。会展中心和大剧院面向城市的一侧，在保持功能需求的同时形成了开放的树荫广场。以水纹铺装串联建筑，增强人流引导性，并与景观的整体肌理融合，其间穿插植物绿岛、下沉花园、屋顶花园以及覆满绿色的坡道栏板，展现协调统一的绿色广场界面。面向滨海一侧，全部为被绿化覆盖的建筑屋顶，借助建筑东侧与地面平接的优势，增加上"山"的游步道，与园内道路贯通，一脉相承。参差的横向线条种植很好地隐藏了屋顶大量的排烟口与采光窗，使整个建筑完美融合在环境之中。

地块南侧整个景观结构以丁肇中科技馆为中心，向外旋转延展至周边树林、停车场、非机动车停车场以及特色活动场地，直至越过人工湿地最终与会展中心"牵手"。城市界面的入口广场两侧树林形成退让之势，打开视野，确保此界面的通透性，树立科技馆被树林环抱的城市形象。入口流线型的铺装与休憩设施融为一体，导向性的喷泉将引导市民到达科技馆入口。建筑主楼整体被混播缀花草坪覆盖，完全隐匿于绿色大地的表皮之下，就此所有建筑面向园区一侧均呈现为绿色。建筑与公园不断融合，最终建立一个无边界的立体公园。

构建公共生活与建筑之间的"桥梁"

景观设计希望建立屋顶与建筑内部的联系，同时将联系扩展到城市，以推动城市共享屋顶的进程。我们在建筑与公共生活之间铸造了一座"桥梁"，依托地面到建筑顶的游径与各类活动场地，为来此的游客与市民提供登高远眺，享受各种公共空间的别样体验，旨在将自然景观与人造景观融入城市的日常生活。

设计将屋顶及覆土的绿地空间返还给公园，组建一个包含丰富活动空间的综合体。市民和游人可以在这里欣赏日出日落、休闲小憩、拍摄婚纱、露天宴会、运动健身、观景漫步、观赏小型演出，同时也可在会展中心的室外展场观看展览，在广场上看街头表演。保留原有排洪渠并改造为具有排洪功能的湿地景观，不仅强化了净化水体的功能，还承担了场地内的海绵调蓄及场地外的排洪功能，也是儿童、青少年了解和保护自然的窗口。

丰富的公园活动避免了单一功能的大型建筑在展会后带来的萧条场景，绿色综合体为市民的公共生活提供了一个非常积极的城市载体。

科技馆入口广场
植物园
科技馆
青岛路
会展中心广场
会展中心
太阳广场
湿地公园
绿舟路
奥林匹克水上公园

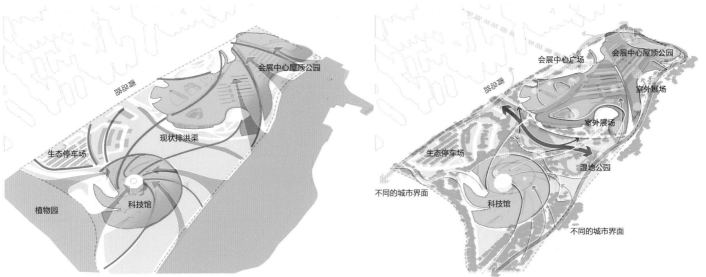

会展中心屋顶公园
青岛路
现状排洪渠
生态停车场
科技馆
植物园

会展中心广场
会展中心屋顶公园
室外展场
室外展场
青岛路
生态停车场
湿地公园
不同的城市界面
科技馆
不同的城市界面

建筑与公园融合，建立一个无边界的立体公园。在这里可以欣赏日出日落、拍摄婚纱、露天宴会、运动健身、观景漫步、观赏小型演出、室外看展览。

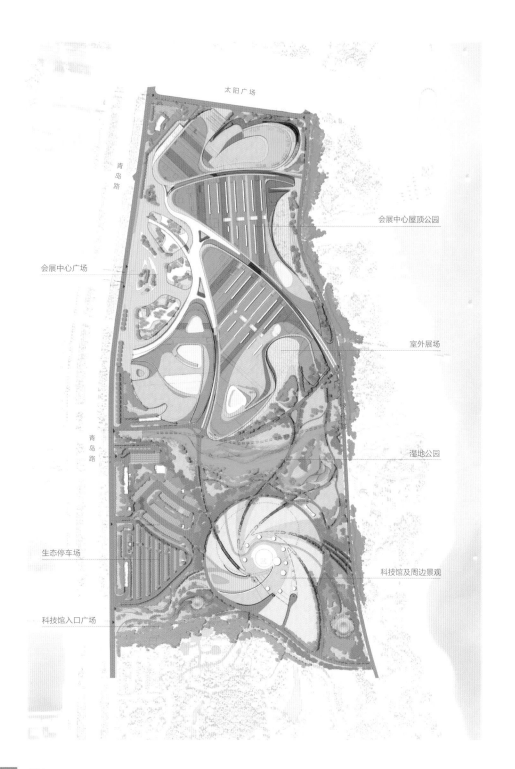

太阳广场

会展中心屋顶公园

会展中心广场

室外展场

青岛路

湿地公园

生态停车场

科技馆及周边景观

科技馆入口广场

会展中心前广场与下沉花园。

会展中心前广场与下沉花园。

会展中心和大剧院面向城市的一侧形成开放广场。水纹铺装串联建筑，增强了人流引导性，并与景观的整体肌理融合，其间穿插植物绿岛、下沉花园、屋顶花园。

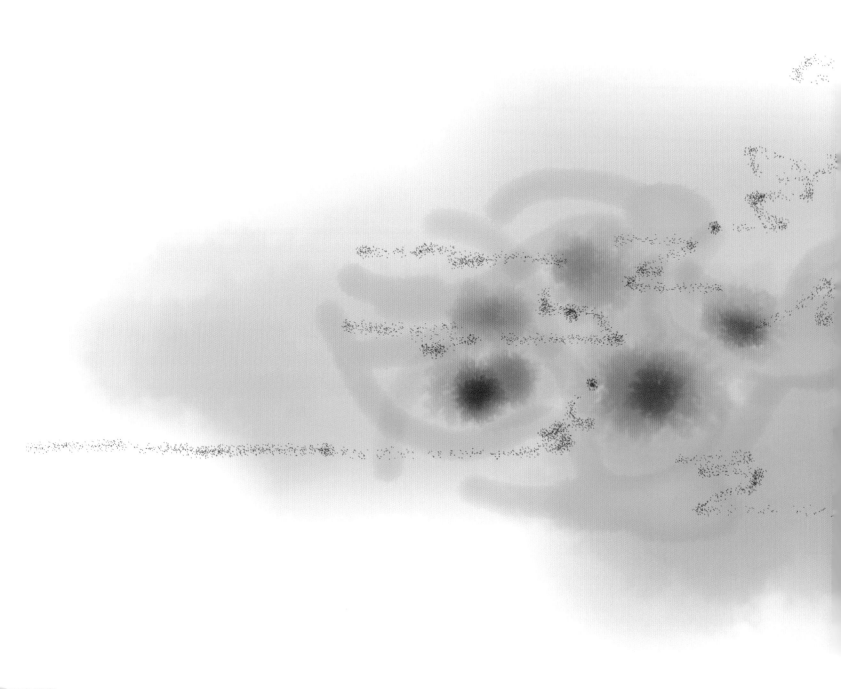

集约化　美丽乡愁

04 张家港金港文化中心公园
Landscape Design of Zhangjiagang Jingang Cultural Center

◎ **项目地点：**中国 张家港

◎ **项目规模：**11 公顷

◎ **设计时间：**2013—2018 年

◎ **施工时间：**2019 年至今

◎ **Project location:** Zhangjiagang City, China

◎ **Project scale:** 11 hectares

◎ **Design period:** 2013-2018

◎ **Construction period:** 2019-

张家港金港文化中心项目位于中国典型的中小城市，在城市资源有限的条件下，绿色综合体以集约化的方式联通融合了城市内的各类公共建筑，以及室外丰富的活动事件，将绿地、文化、自然与建筑等各种资源集合共享，挖掘各种可能性，以最大限度地激活城市。

The Zhangjiagang Jingang Cultural Center is located in a stereotypical medium-sized city in China. Due to limited urban resources, the urban green complex extensively integrates all kinds of urban public buildings in addition to diverse outdoor activities and events, and shares various resources related to green space, culture, nature and architecture, to explore a wide range of possibilities and invigorate the city to the greatest extent possible.

项目位于长江下游的一个百万人口城市张家港，该市以港口经济为支柱，虽然产业结构较为单一，但经济基础较好，是全国著名的百强县（市）。这里气候温暖湿润，城市水网遍布，境内拥有多达6000条大小河道，水资源丰富。该市重视绿化建设，截止至2016年，建成区绿地总面积1941.35公顷，绿地率37.16%，绿化覆盖率40.38%，全市公园绿地服务半径覆盖率93.82%，人均公园面积14.58平方米，于2017年获得"国家生态园林城市"称号。

与此同时，和国内很多中小城市一样，其人口规模、经济总量以及单一的产业结构现状愈来愈限制这座城市的提升与发展。

集约化

在此背景下，将单一功能的公园绿地与城市中的图书馆、科技馆、美术馆、少年宫、档案馆、餐厅、健身中心等综合性文化中心以及城市水系结合，将室外的餐饮、观演、娱乐等一系列与室内功能紧密关联的活动布置在建筑周边；同时，在外围的绿地中，将运动、健身、集会、表演、散步、休闲、停车等活动融合在山水风景中，形成城市中的绿色综合体。这样的集约化促成了绿地、文化、自然、建筑等资源的共享与互补，使市民能够更加充分有效地利用城市资源，提供各种城市生活的可能性，最大化地弥补城市资源不足带来的弊端。依托有效资源快速提升城市居民生活质量，激发城市潜在的活力。

未来城市或将串联更多的资源，使公园、绿地、城市河道、山体，以及公共建筑、城市广场、街道融合成为城市绿色综合体，集约化城市资源，利用有效的策划管理及优势互补，提升城市魅力与活力，提高人们的生活品质。

美丽乡愁

将场地中的西南角局部放开，依托镜面水池将城市地标"香山高塔"倒映其中，联通区域性的城市景观。凭借微地形、人工水系、城市水系等营造谷地、河道、水面等不同的进入方式，创建可辨识的沿街界面。

建筑周边呈现山环水抱的布局结构，利用微地形、植物、水系的塑造，使建筑掩映其间。五条水系穿梭于建筑群之间，水源取自城市河道，最终也回到城市。外围两条自然水系环抱建筑群落，局部形成放大的水面，建筑倒影其中，远观时如同漂浮于河塘之上，形成独具特色的城市立面；三条内部人工水系，流淌于建筑之间，分解大尺度广场，意图强化建筑根植于水脉之中的空间特征，公共空间沿水展开，突出江南的小尺度空间特色。水系周边栽植高大的乔木，穿插生长于流水与建筑之间。屋面水与地面水串联，从屋面上滴落的水帘落入地面的水网，优化人们在其间游走的体验。

建筑周边区域用老砖、石、瓦片与新材料拼贴形成匠心独运的铺装形式，既突出了当地特色与记忆，又强调了新时代的铺装细节。收集周边村落尺度适宜、形态优美的废弃石板桥加以利用，打造小桥流水的独特魅力，营造具有时代气息的江南水乡气韵。

鸟瞰图

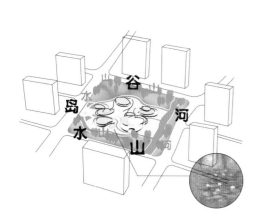

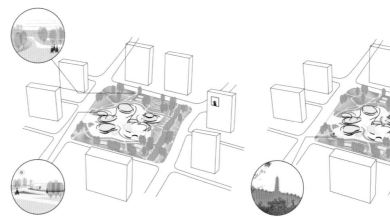

山环水抱的公园结构

利用微地形的塑造，形成如画般的山水格局，建筑掩映其中，犹如河塘中漂浮的睡莲，呈现出江南水乡的韵味。

可辨识的公园沿街景观

人车分流并将停车场藏匿于微地形中，开放了部分公园边界，为城市界面提供景观化的处理方式。丰富的路径体验使公园更具趣味性和辨识度。

区域性的城市景观联系

将公园活动沿水系展开，并放开西南角水面，将城市标志"香山高塔"倒映其中，形成区域性的城市景观联系。

景观设计形成山环水抱的布局结构，微地形、植物、五条水系穿梭于建筑群之间。

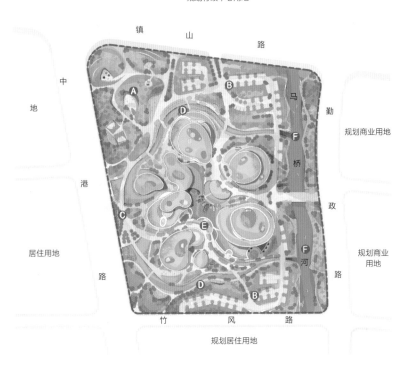

规划行政中心用地

镇　山　　路

中
地

港

路

居住用地

规划居住用地

竹　风　　路

马
勤
桥

政

路

河

马桥河

A

B

D

F

C

E

D

B

规划商业用地

规划商业
用地

A. 休闲健身区
B. 花园停车区
C. 花岛入口
D. 自然滨水休闲区
E. 文化中心室外展示休憩区
F. 马桥河自然风光带

外围两条自然水系环抱建筑群落，局部形成放大的水面，建筑倒影其中，远观时如同漂浮于河塘之上，形成独具特色的城市立面。

收集周边村落尺度适宜、形态优美的废弃石板桥加以利用，打造小桥流水的独特魅力，营造具有时代气息的江南水乡气韵。

建筑周边区域用老砖、石、瓦片与新材料拼贴形成匠心独运的铺装形式，既突出了当地特色与记忆，又强调了铺装细节。

外围的绿色综合空间能满足运动、健身、集会、表演、散步、休闲等活动。

整合城市界面 活化非物质文化遗产

05 通辽市博物馆公园
Landscape Design of Tongliao Museum Park

◎ **项目地点：**中国 通辽　　　　◎ **Project location:** Tongliao City, China

◎ **项目规模：**18 公顷　　　　　◎ **Project scale:** 18 hectares

◎ **设计时间：**2013—2014 年　　◎ **Design period:** 2013-2014

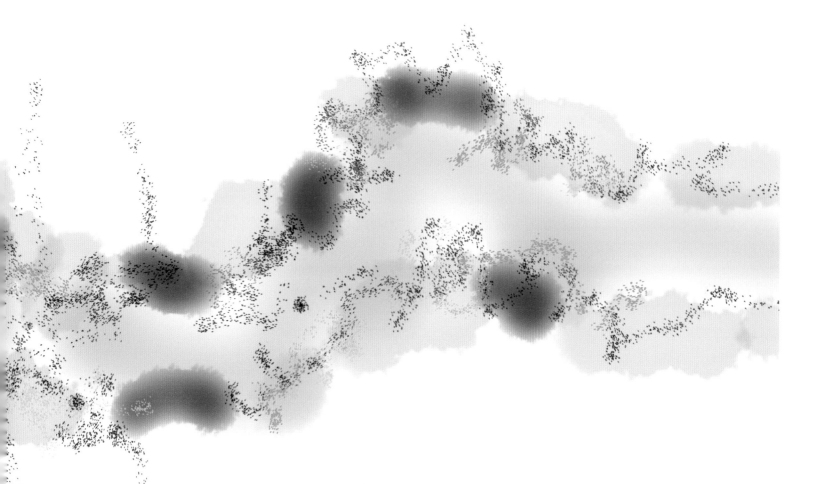

　　通辽市博物馆公园项目是一个设计师集群规划设计项目，是城市发展建设的重要组成部分。景观设计通过整合城市界面，将南北两侧建筑群、广场、微地形、植物、水系打造为连续的城市风景。同时，项目整合12座博物馆建筑功能，将室内展示延续至室外，充分展现蒙古族文化特色，共享城市文化资源，与通辽市特色活动进行互动，打造科尔沁非物质文化特色旅游品牌，通过活化非物质文化遗产，激发城市活力。

The Tongliao Museum Park is a cluster planning and design project, which plays an important role in the city's urban development and construction. The landscape design integrates urban architecture by creating a continuous urban landscape that encompasses building clusters, plazas, microtopography, greening, and water systems on the north and south sides. At the same time, the landscape integrates the functions of 12 museum buildings and fuses together indoor and outdoor areas. The project fully showcases the characteristics of Mongolian culture and the cultural resources of the city, while interacting with activities which are unique to Tongliao City, so as to build Build Horqin intangible cultural tourism brand. By revitalizing the city's intangible cultural heritage, the entire area has been invigorated.

内蒙古自治区东部的通辽市地处科尔沁草原腹地，截至2020年11月，常住人口为287万，其中132万人为蒙古族，占通辽市人口总数的45.9%，占全国蒙古族人口的1/5，是全国蒙古族最集中的地区。通辽是蒙古族的发祥地之一，也是最能代表科尔沁文化的城市。由于紧邻东北地区，通辽在保留了很多蒙古族文化和草原文化传统的同时，还具有一定的东北文化特征，是农耕文化与游牧文化交汇的独特之地。

在这座城市外围拥有大面积的草原、自然保护区，但城市中却仅有为数不多的几个老公园。虽然极度缺乏室外活动空间且气候并不宜人，通辽市民的城市生活却很有活力。在蒙古族传统的节日里，蒙古族同胞会穿上特有的民族服饰聚集在一起举办独特的民族活动。他们在草原上举办千人的四胡（四弦乐器，流行于内蒙古地区）表演，也在广场中跳安代舞（发祥于科尔沁草原的民族民间舞蹈），又或是在公园里说起传统的乌力格尔（蒙古族的曲艺说书形式）。在平日，还可以看到公园、广场上演二人转、东北大秧歌等具有东北特色的民间艺术表演。天气晴好的时候，在有限的几个公园里，随处可见市民的各种休闲娱乐生活……从这些歌舞里，可以深刻地感受到通辽的城市精神。

整合城市界面

为了更快地提升城市形象，提高市民的城市生活质量，通辽市政府邀请了国内几位著名建筑师与我们一起在孝庄河两岸的绿地集中建设一个拥有12座建筑的博物馆公园。河道原本是一条宽30m的排洪渠，两岸为岸线笔直的带状绿地。项目伊始，景观师与建筑师一起从城市层面定义了博物馆公园的整体布局及建筑群落布置，结合功能分布与视线设计，12座博物馆与周边环境共同形成聚散有序的四个沿河组团，自最西端科尔沁文明之光博物馆、乌力格尔博物馆与周边广场、绿地形成的组团，延续到城市中轴线西侧蒙古族服饰博物馆、安代博物馆、马头琴博物馆、科尔沁书法博物馆与周边广场、绿地形成的组团二，再到中轴线东侧科尔沁版画博物馆、美术馆、科尔沁名人博物馆与周边广场、绿地形成的组团三，最终结束于最东侧科尔沁生态建设博物馆、蒙医博物馆、蒙药博物馆与周边广场、绿地形成的第四个组团，构建了面向城市展开的、连续的博物馆公园

界面。城市南北向主路成吉思汗路展开以建筑为背景，两旁绿树成荫的开阔的城市主轴线；在位于场地两端的霍林郭勒路、胜利北路，可观赏开阔的水面景观与博物馆群，以及公园两岸的整体风貌；公园南北两侧的界面具有不断变化的空间节奏，与建筑群、广场、微地形、植物、水面组成孝庄河整体景观，是城市中连续的风景。

活化非物质文化遗产

通辽博物馆公园以内蒙古特色景观为总体风貌，整合了12座各具特色的博物馆，具有传承城市精神、弘扬文化、促进交流的作用。将博物馆的功能、位置、体量、形态乃至设计语言等与室外活动结合，形成整体而又各具特色的博物馆公园景观。

公园与市民生活紧密连接，利用室内外功能特色的互补，设置主题广场、庆典广场、小型演绎场地、户外科普走廊、蒙医蒙药户外展园等场地，同时结合特色铺装、互动装置、特色植物、APP应用，增加展示的趣味性与互动性。公园将室内展示拓展到室外，组织馆内外的互动活动，并强调市民的参与，激发市民的文化生活，增强他们对历史文化的体验。

受蒙古族文化自然观的影响，设计注重提炼与延展文化精髓，借助与生态系统设计的关联性，建立公园中的"室外博物馆"。同时，将民族特色的健康理念融入市民生活，设置不同的健身设施与场地，强化景观设施与户外家具相结合，通过文字图片说明和APP引导进行锻炼，增加健身的趣味性。场地与各博物馆结合开展互动教学，传承、发扬草原民族的生态价值观，形成具有科尔沁文化品牌的文化展示基地和教育基地。

在强化城市公共生活之外，博物馆公园也与通辽旅游产业相互关联，将园区与城市空间串联，并与城市资源、城市文化以及相关产业连接，使市民生活及游客活动融入园区，让具有蒙古族文化特色的市民生活作为城市的旅游资源，与通辽市特色活动进行互动，相互因借并共享资源，成为科尔沁非物质文化特色旅游品牌。通辽市博物馆公园突破时间、空间、文化的局限，活化非物质文化遗产，提升旅游吸引力，成为激发城市活力的有机体与新的科尔沁文化发源地。

博物馆公园卫星图。

1

城市/绿化带/河道——笔直的河道毫无变化，河道两侧绿化效果不佳。

2

城市/绿化带/河道——硬质垂直的驳岸亲水性差。

3

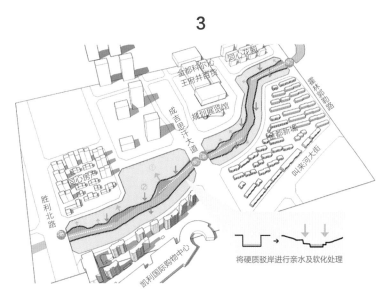

将硬质驳岸进行亲水及软化处理

城市/滨河公园/蜻蜓水系——30～60m宽不等。打开水面为城市提供更多的视觉焦点。

4

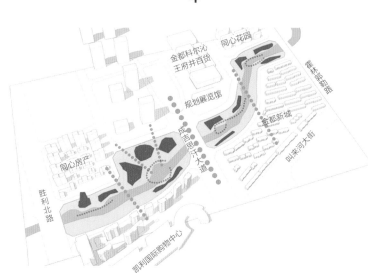

建筑组团/起承转合/城市视线通廊——通过地形及竖向的变化形成视觉通廊。

5

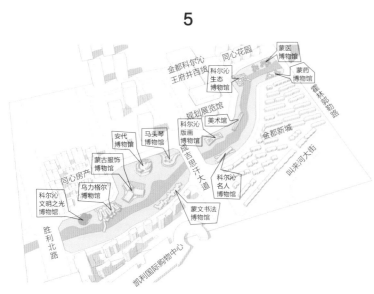

滨河公园／博物馆聚落／博物馆公园——12座博物馆分布于河岸两侧。

6

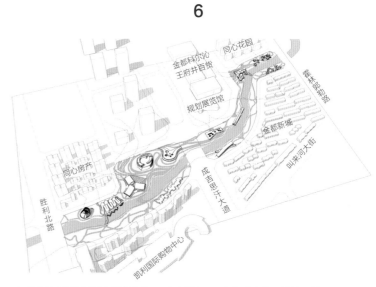

串联建筑／户外场所／两岸联系——通过景观手法串联建筑及周边环境。

7

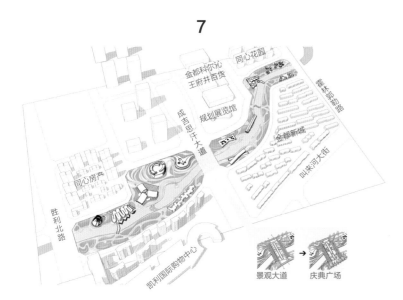

微地形／大地艺术／舒适场所——利用微地形的塑造创造连续的整体性美丽。

8

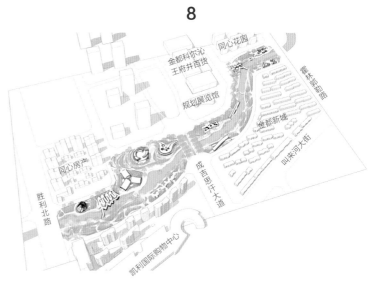

树林／花园／草地／城市活力带／蒙文化展示传播／旅游目的地——通过植物塑造不同空间，创造舒适的室外环境。

通辽博物馆公园以内蒙特色景观为总体风貌整合 12 座各具特色的博物馆。场地与博物馆结合开展各类文化活动，传承、发扬草原民族的价值观，成为科尔沁文化品牌的展示基地和教育基地。

立体化增容　山水功能化　绿色延伸性

06 郑州航空港经济综合实验区公园
Landscape Design of Zhengzhou Airport Economic Comprehensive Experimental Zone Park

◎ **项目地点：** 中国 郑州　　　　◎ **Project location:** Zhengzhou City, China

◎ **项目规模：** 7 公顷　　　　　　◎ **Project scale:** 7 hectares

◎ **设计时间：** 2013—2014 年　　◎ **Design period:** 2013-2014

郑州航空港经济综合实验区公园项目地处郑州空港新城安置区，巧妙利用山水地形将城市各类建筑与基础设施消融于绿色环境之间，以景观整合多功能、复合化的使用空间，发挥绿色综合体最大效益。立体化增容不仅提高了场地使用效率，也打造了繁忙都市中生产生活与公园景观相互交融的"都市桃花源"。通过地上与地下空间的一体化整合开发建设，形成场地入口空间、城市交通空间、建筑功能空间、室外活动空间的流通串联，塑造独特的桃花源自然体验。

The Zhengzhou Airport Economic Comprehensive Experimental Zone Park is located in the resettlement area of Zhengzhou Airport New City. It skillfully uses the existing topography of the landscape to incorporate all kinds of urban buildings and infrastructure in a green environment, and integrates multi-functional complexes with the landscape, so as to bring into play the maximum benefits of the green complex. The multi-dimensional design increases both the available capacity and efficient use of the site, while also facilitating a bustling city that blends manufacturing, daily life, and landscaped parks into an "urban peach blossom". The integration of the development and construction of above-ground and underground spaces, the site's entrance, urban transportation, building functions, and outdoor activity spaces forms a streamlined loop, which portrays the unique sensory experience embodied by this "urban peach blossom".

全球化经济的发展以及对高速物流的需求，促进了以机场为触媒，汇聚技术、资本、信息、人力等要素的空港产业园的建设与发展，吸引了航空产业、航空物流业、高新产品制造业、国际商务会展业、康体娱乐休闲业等产业集聚，成为培育城市增长极，促进区域经济发展的新领域。空港经济逐渐成为全球经济的主流形态之一，以空港产业园为主体的空港新城也逐渐成为城市新区建设的新焦点。

郑州机场作为国家确定的八大区域性枢纽机场之一，航空货运网络覆盖全球，吸引了多家国际知名航空公司入驻，已经成为亚太航空运输的物流中心。2013年3月，国家发展改革委正式批复《郑州航空港经济综合实验区发展规划（2013—2025年）》，郑州航空港成为中国首个国家级航空港经济综合实验区，以富士康为代表的一批电子信息、生物医药、航空运输等企业先后进驻发展。未来，将依托郑州航空港建设一个融宜居、生态、绿色、环保为一体的，生产、生活、生态要素统筹发展的新城。

立体化增容

公园位于空港新城的第六安置区，是该区域的中心绿地。地块四边紧邻城市干道，周边用地以商业、文教、办公及住宅用地为主。整个片区具有外来年轻人口集中，工作强度较大，以及环境质量、基础设施等相对老城较为薄弱的特征，但同时由于政府集中力量大力投入此区域的规划建设，一些新的理念与技术获得应用，给片区带来了新的发展机遇。我们在此次设计中提出"在城市中享受自然"的设计理念，打造繁忙都市中生产、生活与公园景观相互交融的"都市桃花源"。

在有限的占地面积内创造更大的使用空间，提高土地利用率，是一个值得探讨的课题。景观设计对地块内的山水骨架重新梳理，通过立体化的增容手段，一举实现地上、地下空间的一体化及表面积扩大化；借助抬升、按下等手法塑造地形，公园外围在留足入口视觉通廊的条件下，沿周边道路抬起形成山地，中间凹下成为谷地，营造山林溪谷的自然景观；借助地形的抬高与降低提高空间的使用效率，塑造不同空间层次，同时绿地的表面积得以扩大，活动空间增多且互不干扰。项目利用地形的塑造改善局部小气候，使人被绿色环抱，分隔外界车水马龙的城市噪声及灰尘，创造一个与高楼林立的城市截然不同的、世外桃源般的自然环境。

山水功能化

公园内丰富的高差变化为营造诗意化的景观空间创造了可能。园区外围堆山的山顶和山腰处，种植高大乔木，丰富季相变化，运用当地乡土树种创造出拥有自然山林风光的山地景观；而中心山谷区及水岸结合湖面、浅溪、清潭、水雾、瀑布跌水等场景，形成竹林水潭、山谷梯田、四季花海、清净花溪、翠林水洞，演绎恬淡安宁、舒缓梦幻的环境氛围。

一体化设计整合相关城市功能、设施，从多功能、复合化角度发挥最大效益。将园区外围山体局部撕开，插入不同的活动场地，隐藏功能各异的覆土建筑，在减少土方用量的情况下使山水"功能化"。地下停车场、地铁出入口、游客中心、健身中心、儿童活动中心，以及书吧、餐厅、咖啡厅等公共建筑被隐藏在山水之中。复合式的景观空间结合各种主题活动，让城市的公共生活充分融入到场地当中。园区北侧主要设置安静的城市活动，植入阳光书吧、落水餐厅、观景台等场所；南侧则以运动、健身及儿童活动为主，植入儿童山地体验花园、轮滑花园、观湖广场等场地。在这里室内功能与室外环境优势互补、共享资源，功能性建筑带来的收益补贴公园的日常运维，使整个环境保持一种可持续发展的良好状态。

绿色延伸性

从人性化角度出发思考公园与城市的衔接，通过地下、地上两种方式沟通场地内外的联系，形成公园与城市的立体交织，与周边商业办公地块建立有机联系。开放式的外围环境与独具特色的进入方式，组成了视觉与空间的双重体验，逐步将绿色景观延伸向城市。

通过上行、下穿的手法，分别组织人行和车行交通进入场地。在公园的东北角和西南角设置两座高架景观桥，可从高处眺望整个园区与城市；在场地外围设计地形与市政人行桥衔接，利用景观化的人行桥，将园内的"绿"延伸到园外的城市当中；园区的东西边界则借助下穿隧道的手法与城市广场、地下商业区连接，隧道洞口可隐约看到园内美景，透过潺潺流水与自然景观的延伸，逐渐引导市民进入下沉广场。车辆出入口设在南北两侧，连通地下停车场，与人行出入口相分离，实现完全的人车分流，为行人出行的安全舒适提供保障。园内人行道随地形及空间通向地块内各个区域，丰富的路径体验增添了游览的趣味性。

"桃花源"是山水家园，是城市生活与自然环境的融合，是恬淡朴素的生活理念的回归。自然生活不仅是一种态度更是一种选择，是一种因为对自然的真心热爱所选择的生活哲学与生活方式。我们希望能够在有限的空间里建立一个与城市交融的公园，并还原给城市一个田园梦，令人们舒缓压力、忘却忧愁、找回幸福与归属感。

关注打工族和新城发展所带来的社会问题，体现公园应有的社会价值。公园将整合相关城市功能、设施，从多功能、复合化角度发挥最大效益。

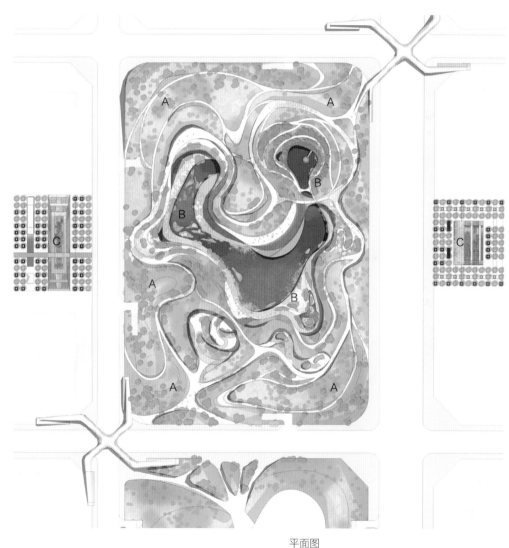

平面图
A.山景休闲区　B.谷地休闲区　C.林下广场

周边概况

分析周边城市资源。

空间分析

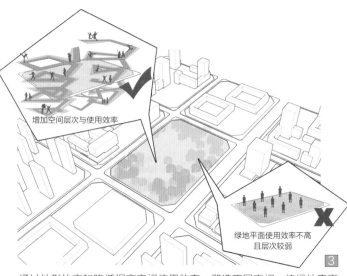

增加空间层次与使用效率

绿地平面使用效率不高
且层次较弱

通过地形抬高和降低提高空间使用效率，塑造不同空间，使绿地表面积扩大，空间互不干扰。

提出问题

如何在城市中享受自然

?

对场所提出问题。

功能分析

与外界车水马龙的环境相隔离

丰富的地形改善了局部小气候，隔离了外界车水马龙的嘈杂环境，降低城市噪声与灰尘，创造世外桃源般的自然环境。

场地塑造

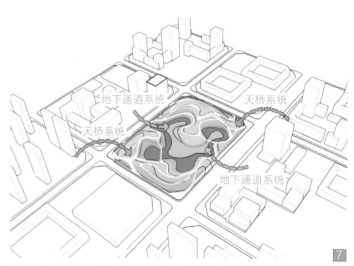

通过抬起、按下等手法塑造地形，使外围形成山地，中间形成谷地，东西建立视觉通廊吸引市民。

建立外联

通过地下通道系统与天桥系统建立对外联系。地下通道形成下穿美景，天桥系统形成眺望空间。

功能插入

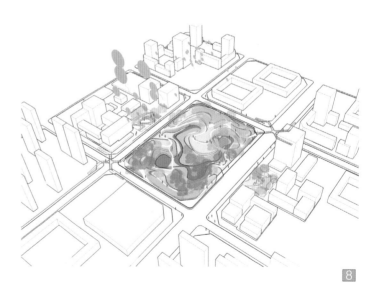

地形局部撕开插入不同功能的场地与建筑，整个空间成为功能复合性的立体公园。北侧植入书吧、落水餐厅、观景台等，形成安静的活动场所；南侧植入儿童山地体验花园，轮滑花园，观湖广场等活动场地。

生成场地

通过植物、地形等细节塑造不同的空间氛围，山顶及山腰为充满活力的林地与疏林草地，山谷、谷中湖及水岸塑造幽静安宁的气氛。

公园内丰富的高差变化为营造诗意化的景观空间创造了可能。

化零为整串联资源   渗透边界强化代入感   梳理水岸建设生态走廊

07 浙江温岭新城核心区体验式商业与绿色综合体设计
Landscape Design of Zhejiang Wenling New City Core Area Experiential Commercial and Green Complex

◎ **项目地点：**中国 温岭
◎ **项目规模：**17.5 公顷
◎ **设计时间：**2012—2014 年

◎ **Project location:** Wenling City, China
◎ **Project scale:** 17.5 hectares
◎ **Design period:** 2012-2014

浙江温岭新城核心区体验式商业与绿色综合体项目是对传统商业空间开发建设的一次挑战，以应对现代购物模式的转变。项目以绿色综合体整合商业、文化、休闲、娱乐与公共绿地空间，通过多种途径连接城市资源，包括功能场地串联、边界渗透、水岸梳理等，整体打造集休闲、购物、旅游、聚会、学习、运动为一体的都市生活新中心。绿色综合体打破建筑与景观的边界，以无差别的姿态激活商业街区、底商、滨水空间，景观无处不在地融入整体环境，形成多种弹性空间，叠加不同城市事件，塑造多元城市体验。

The Zhejiang Wenling New City Core Area Experiential Commercial and Green Complex challenges the traditional approach to commercial space development and construction, by responding to the shifting demands for a modern shopping experience. The project integrates commercial, cultural, recreational, and public green space together with the park, and applies a variety of means to link urban resources, including clustering together functional sites, removing boundaries, and the streamlining of the waterfront, to create a new integrated center of urban life for leisure, shopping, tourism, gatherings, education, and sports. By breaking the boundaries between architecture and landscape, the green complex activates the dynamism of the commercial street, ground floor, waterfront space and landscape as a wholly integrated environment, which forms a variety of flexible spaces that encompasses a wide range of urban events to create diverse urban experiences.

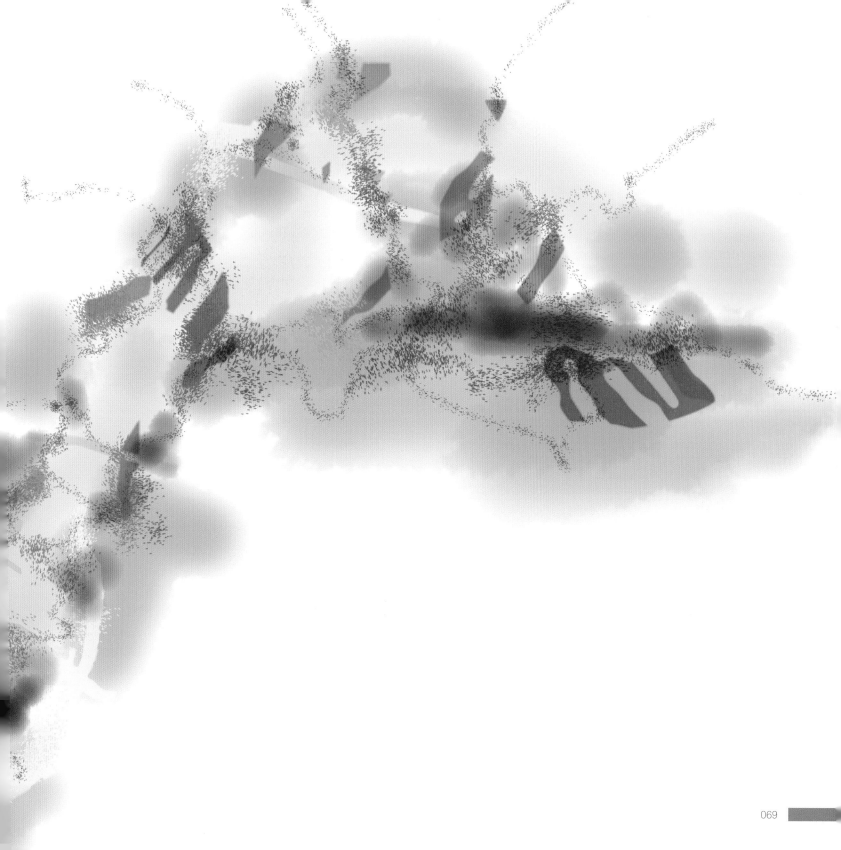

浙江省温岭市地处东南沿海，是三面临海的鱼米之乡，经济富足、气候温和、河网遍布。受人口、用地规模及社会经济发展所限，城市中的文化及休闲场所相对匮乏，基本可归纳为三大类：纯商业中心、风景区及公园。

城市生活中购物必不可少，当今中国，网购以其便利、高效、物美价廉等优势，极大地冲击了传统的购物模式。对于中小城市的消费者而言，电子商务与快捷的物流给顾客带来了前所未有的购物公平性。对于商业空间来说，单纯性的购物已不再能满足市民的需求，融合购物、餐饮、休闲、娱乐，甚至文化、教育等多种功能的体验式购物，将成为市民的选择，以此形成的体验式商业综合体也将逐步成为城市的新中心。

本项目不同于市内已有的商业中心和公园，而是通过多种途径与周边资源连接，为市民提供兼具商业、城市公园及风景区多功能的综合休闲场所，激发新城活力。

化零为整串联资源

项目位于温岭新区，由三个子项组成。南部的商业水街，占地约5.5公顷；中部带状的龙形公园，占地约9公顷；北部的风情商业街区，占地约3公顷。最先启动的商业水街项目深入考虑了如何利用上下游的水网整合建筑之间的关系，结合首层商业与外围环境，带动人流的穿行。随着龙形公园及风情街项目的启动，我们将龙形公园作为核心，将南北地块化零为整，捏合成一个相互关联的大型片区。原本独立的区域产生交互反应，通过开放的公园绿地系统串联周边的商务办公区、购物中心、文化中心、图书馆、少年宫、博物馆、住宅区等公共资源，塑造以购物、娱乐、休闲及生态功能为主体的城市绿色综合体，创造内涵丰富的室外空间。我们增加了不同层次的休闲路径，整体打造一个集休闲、购物、旅游、聚会、学习、运动等都市生活的新中心，成为展示温岭城市文化的新"窗口"。

渗透边界强化代入感

作为绿色公共空间的公园模糊了与周边建筑的边界，扩大了与周边空间的连接，鼓励市民穿行，并与城市游线中的休闲步行网络、游览船航线、市区水网码头等相连通，使得公共建筑资源与公共生活紧密连接。

由于建筑能够以城市景观的形式存在，促使建筑带给人们公园的体验，公园与建筑以一种相互交织的状态呈现，市民可以在建筑中体验公园，在公园中使用建筑。风景商业街建筑群面向城市一侧为整体的玻璃幕墙，朝向公园的一侧则是覆土的草坡屋顶和一片聚落建筑，园区景观蔓延至建筑屋顶，游步道也随之穿行于聚落建筑之间，商业街巷则以山地峡谷的形式通过景观桥伸向园内。

风情街是整个片区的制高点，市民可以登上开放的山地公园登山远眺、享受美食。公园内水系与绿色开放空间逐渐将人们的体验从山上延伸至城市水系，西月河北侧的叠水、连桥、码头、艺术廊架等形成不间断的景观界面与视觉焦点，衔接公园、城市水系与南侧的商业水街。

商业水街被一条不足20m宽的水系分割成狭长的两部分。在这里水作为引导，串起整个区域，建筑以一个个或大或小的院落而存在，当水流经不同的院子时，碰撞出不同的景色，营造出不同的氛围，形成趣味体验式的休闲购物游线。水系、各类交通路径、建筑、绿色开放空间塑造了一个活色生香的片区，接连不断地提供给游客不同的体验。

梳理水岸建设生态走廊

温岭市内水网密布，流经西月河项目场地中部，项目区域植被群落丰富，生态环境良好，但现状的滨水空间缺乏变化，较为单调。

为展现温岭山海汇聚的独特山水特征，我们通过景观微地形改造将项目场地内的水系进行疏通整理，利用水系和绿地共同搭建内外互联的生态走廊。通过合理的种植方式，创造多层次林下空间，既保证夏季的遮阳功能，同时增加空气的流动性，使空气更为清新；利用曝气、喷泉、瀑布等技术，提高空气中负氧离子含量，改善局部小气候。

对自然河道保留现有良好生态景观，延续西月河原有生态、排洪等功能，适当增置停留空间、亲水场地，以体验都市野趣，避免过度人为干扰。注重陆地与水网之间的联系，建立地块内部与城市水系互通的水网环境，同时借助水上交通可从地块内部直达九龙湖。在场地北部拓展部分人工河流区域，改善局部场地气候并产生不同的体验空间，曲岸边种植水生植物，增加空间层次，雕塑手法的池底设计丰富画面感。商业水街时宽时窄的人工水岸呈现不同形态，景观设计为每一场景提供了不同的水景：沼泽、浅滩、岛屿、湖面、瀑布、喷泉，并分别配以高低不同、四季各色的植物，既丰富了两侧的场地类型，又形成了紧邻周边建筑的多种弹性空间，为叠加不同的城市活动，塑造多元体验提供了可能。

A. 风情街
B. 龙形公园
C. 西月河自然风光带
D. 商业水街

龙形公园与风情街鸟瞰图。

商业水街入口

商业水街内院

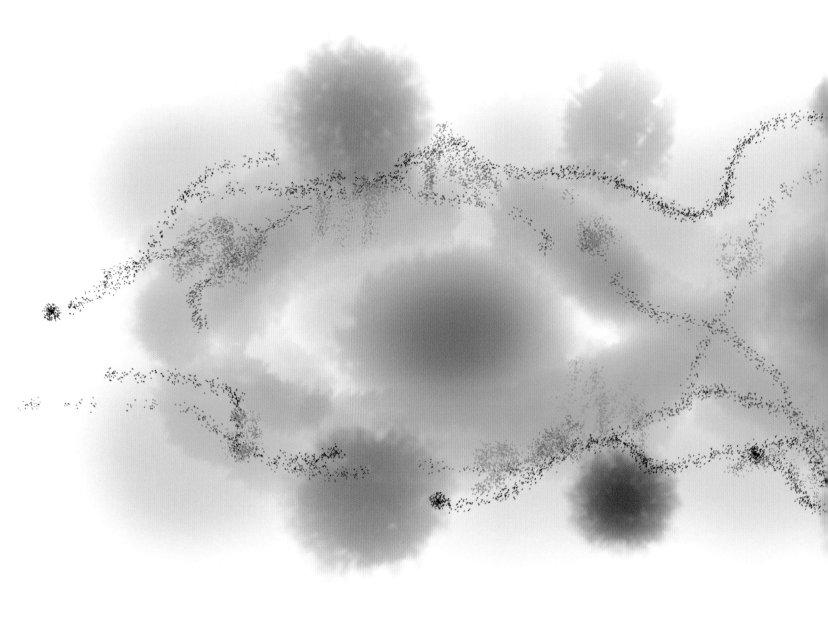

08 内蒙古乌兰察布文化公园综合体
Landscape Design of Inner Mongolia Ulanqab Cultural Park Complex

◎ **项目地点:** 中国 乌兰察布 ◎ **Project location:** Ulanqab City, China

◎ **项目规模:** 102 公顷 ◎ **Project scale:** 102 hectares

◎ **设计时间:** 2011—2012 年 ◎ **Design period:** 2011-2012

内蒙古乌兰察布文化公园综合体项目是该城市重要的公共空间建设项目,定位为涵盖美术馆、展览馆、大剧院、市民中心等公共建筑群的市级综合性公园。景观规划以 "8" 字形结构统领场地空间格局,在建设时序上与空间布局上提供灵活的处理方式,逐步激活场地活力,最大化地利用各类资源,从而引领区域协同发展。

The Inner Mongolia Ulanqab Cultural Park Complex is an important public space construction project for the city, which has been developed as a municipal comprehensive park which encompasses public building complexes, including an art museum, exhibition hall, grand theater, and civic center. The landscape's design is based on a figure 8 structure, which provides a flexible approach to the project's development and spatial layout, so as to progressively stimulate the vitality of the site, maximize the use of various resources, and spearhead the collaborative development of the area.

乌兰察布地处内蒙古自治区中部，东、南部分别与河北省、山西省接壤，西部与自治区首府呼和浩特及包头市毗邻，北部则与蒙古国交界，国境线长达100多公里。它是自治区中距北京最近的城市，是连接我国东北、华北、西北三大经济区的重要枢纽城市，同时也是中国通往蒙古国、俄罗斯和东欧的重要国际通道。

依托自然资源、区位优势，以及电力、农畜等产业的快速发展，乌兰察布市的城市建设迅速崛起，但与我国很多中小城市相仿，乌兰察布市区仍然缺少丰富的日常公共生活平台。为了加快提高公众的物质、精神生活质量，政府希望能在新城行政办公区南侧建设一个涵盖城市文化公共建筑群的市级综合性公园，作为"城市绿心"，园内囊括了美术馆与博物馆、城市建设展览馆、媒体与信息中心、科技馆及少年宫、大剧院、市民中心及妇女儿童活动中心、会展中心等七组公共文化建筑。

统筹空间与时间

七组公共建筑中会展中心居中，与北部地块外的新城行政办公区建筑对望，另六组公共建筑呈对称式布局。由于地块内部的高差及建筑体量的不尽相同，我们在与建筑师深入探讨之后，决定不以绝对轴线进行对称式布局，而是根据建筑体量的大小、整体空间结构及城市界面的需求，将七组公建进行平行移动进而形成争奇斗艳且遥相呼应之势，使结构体系更为活跃，城市界面更加生动。

基于对建筑和景观空间的统筹安排，设计采用8字形带状结构串联周边七组公建的形式。8字形的带状空间本身是容纳了丰富活动的室外公共空间，它串联七组公建，形成一条"无限大"的活力带，也将周边的各种文化资源连接并整合起来，使得公园、文化建筑、市民等形成海纳百川的网络，相互因借并共享，激发不同的事件在此发生，形成独特的城市景观。活力带突破了传统公园的功能布局形式，将绿地、公建和各种场地相互交织形成令人愉悦的场所，且园区巨大的占地面积、特殊的中心位置乃至在城市中形成的"绿心"效应，都使公园在建成之后能够为城市提供重要的旅游资源，促进城市文化与经济发展。活力带提供了各种可以触发人们活动的场景与场地，并激发市民自发性活动，成为城市生活的重要组成部分，成为展示城市形象的城市"客厅"。

考虑到公园投资建设的时序性，我们提供了弹性的实施方案，更便于公园的持续性建设及发展。根据分期建设的需要，可先进行公园"8"字形带状

结构的建设，未来政府可根据投资及城市的需求逐年建设七组公建。无论孰先孰后，公园的"8"字形带状结构均保证了与外围各区域的无缝连接，同时又保持其相对独立性，从而使其在一种相对完整的状态之中不断更新与发展。中央内环可结合苗木生产以降低地块投资，或根据现阶段需要形成既可观赏又满足阶段需求的储备地块，将来可再根据园区的发展需求建设。

针对项目投资额高、工程量大，无法一次性完成的实际情况而提出的分阶段实施方案，打破了传统公园的功能布局形式，更多地考虑了时序性建设问题及可持续发展问题，将带状主结构先行建成，并逐步与周边的各种文化资源连接、整合，使公园、文化建筑、市民的参与形成网络，借助共享的资源，在城市中持续不断地生发新的活力。

"绿色心脏"

乌兰察布市地处中温带，属于干旱半干旱大陆性季风气候，冬季寒冷漫长，夏季短促温热，具有植被稀疏、气候干燥、风沙多、降水少的特点。在满足市民户外公共生活的同时，项目还将起到调节城市局部小气候、净化空气与水环境、消除中心地区热岛效应、降低城市噪声等作用，使城市的生态环境得到优化。

"8"字形结构确保了建设红线与图底关系，使生态绿色基底得到了保证，建筑及广场将被层层的树林包裹。在保留场地内现状乔木与沟渠的基础上进行大面积的生态造园，将东西向横穿园区的市政路，通过生态和景观结合的设计手法做隐形化处理，形成绿色的视线通廊。利用公园东西两侧各个入口设计透景线，将绿意带到城市空间，将市民吸引至公园内。

竖向根据场地现状和整体景观需求，设计2～3m的微地形，与建筑结合形成优美的城市天际线。在竖向结构形成之后种植景观林木，通过微地形加树林的组合起到阻挡风沙并收集雨水的作用，逐步形成湿润舒适的小气候。此外，利用景观微地形塑造出的防风户外空间，还为公建提供了具有个性的地形空间，增加场地活力。

植物种植结合各公建的功能，营造丰富的植物空间。靠近建筑的区域为疏朗的疏林广场，保证视线通透，靠近活力带的一侧局部种植常绿乔木，为公建和活力带提供常绿背景，同时界定公园与公建的空间。建筑未建设前，所在地块可作为苗木储备用地，为分期建设做准备，成为城市"客厅"的生态背景。

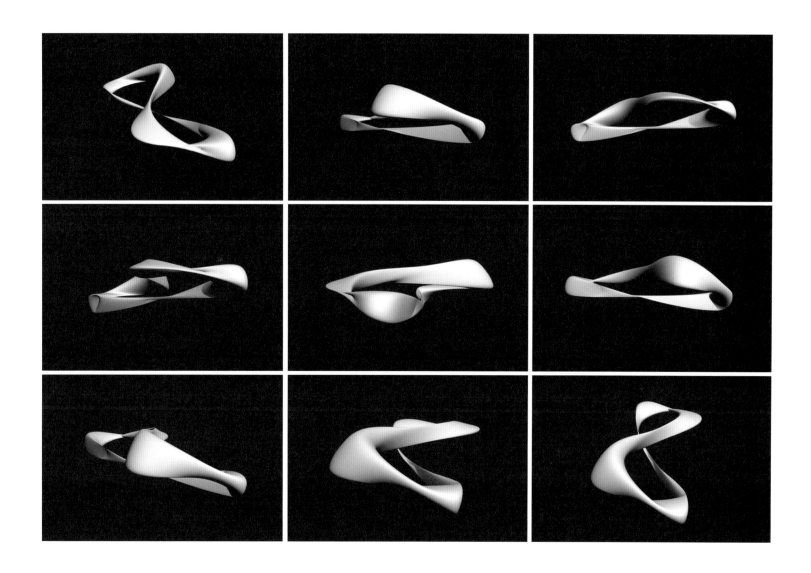

公园活力带

公园活力带具备多功能叠加的、相互关联的、弹性的、可持续的、相互交织的、舒适好玩的、常见常新的、现实与虚拟叠加的特征。

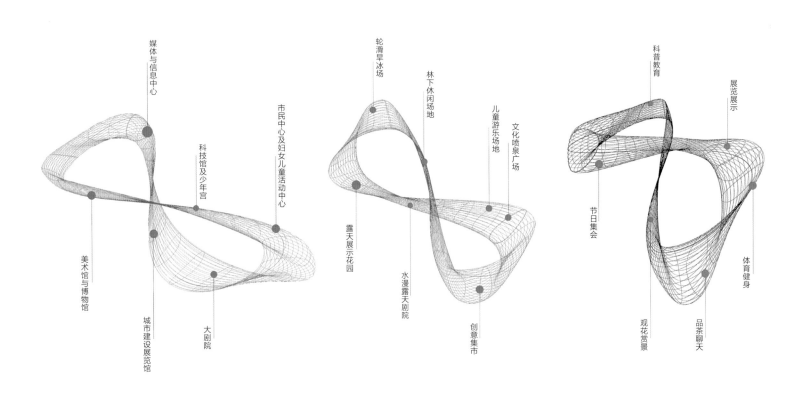

媒体与信息中心

市民中心及妇女儿童活动中心

科技馆及少年宫

美术馆与博物馆

城市建设展览馆

大剧院

轮滑旱冰场

林下休闲场地

儿童游乐场地

文化喷泉广场

露天展示花园

水漫露天剧院

创意集市

科普教育

展览展示

节日集会

体育健身

观花赏景

品茶聊天

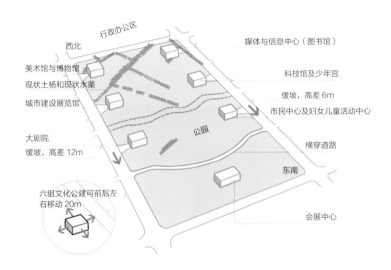

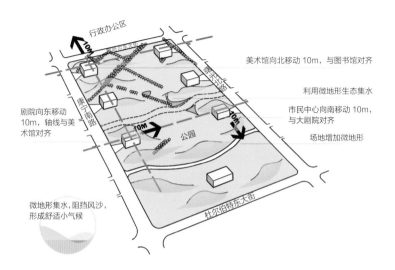

现状地势较为平坦，西北高东南低，南北高差12.5m，东西高差最大6m。场地内有水渠和数排土杨。地块将规划成大型公园，包含七组文化公共建筑，对称布局，景观设计可根据整体结构及城市界面的需要将公园前后左右移动20m。

根据场地现状和景观需求，设计地形上下起伏2~3m，微地形内部结合雨水收集。由于各公共建筑形体、高度、宽度不同，在规则允许的情况下，根据城市界面的需要，对公建进行局部位移，并随微地形上下起伏，形成优美的城市天际线。

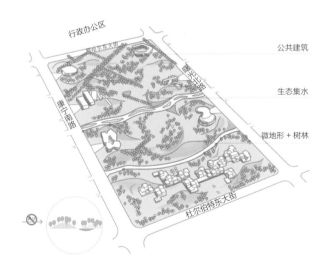

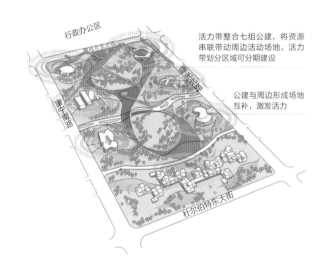

在竖向结构形成之后种植风景林，即：微地形 + 树林 = 阻挡风沙，收集雨水，形成湿润舒适的小气候，丰富空间体验。

1.活力带将公园划分成几块，有利于整个地块的建设。

2.活力带可整合周边的公建，将各公建不同的特点与资源整合在公园之内，并在活力带中布置各种可以激发人们活动的场地，使市民的户外活动更为丰富。

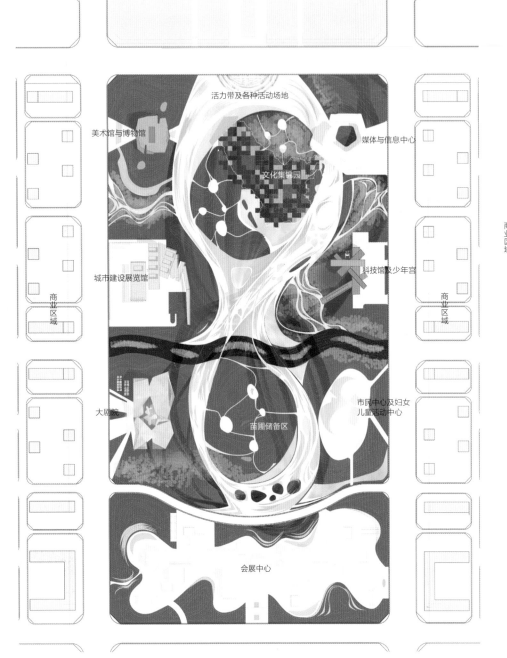

行政中心

活力带及各种活动场地

美术馆与博物馆

媒体与信息中心

文化集锦园

城市建设展览馆

科技馆及少年宫

商业区域

商业区域

大剧院

市民中心及妇女儿童活动中心

苗圃储备区

会展中心

商业区域

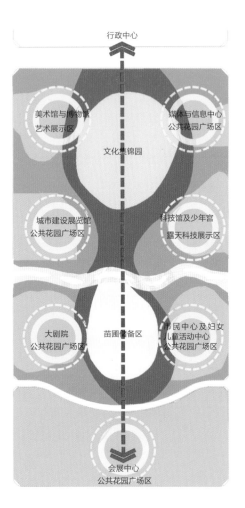

行政中心

美术馆与博物馆
艺术展示区

媒体与信息中心
公共花园广场区

文化集锦园

城市建设展览馆
公共花园广场区

科技馆及少年宫
露天科技展示区

大剧院
公共花园广场区

市民中心及妇女
儿童活动中心
公共花园广场区

苗圃储备区

商业区域

会展中心
公共花园广场区

分期建设

公园依据活力带及外围公共建筑及周边场地的需求分几期建设。
一期建设：公园活力带；二期建设：公共建筑及周边场地建设，
与活力环相连接；三期建设：公园南北两侧内核部分（结合文化
集锦园及苗木生产）。

鸟瞰图

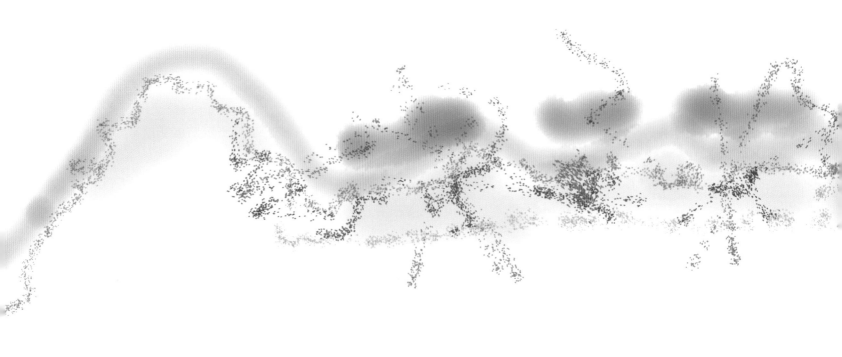

绣花功夫，精准提升

09 通辽新城区胜利河东岸景观提升

Design of Tongliao New Town Shengli River East Bank Landscape Enhancement Project

○ **项目地点：** 中国 通辽

○ **项目规模：** 8.5公顷

○ **设计时间：** 2013—2015 年

○ **施工时间：** 2017—2019 年

○ **Project location:** Tongliao City, China

○ **Project scale:** 8.5 hectares

○ **Design period:** 2013-2015

○ **Construction period:** 2017-2019

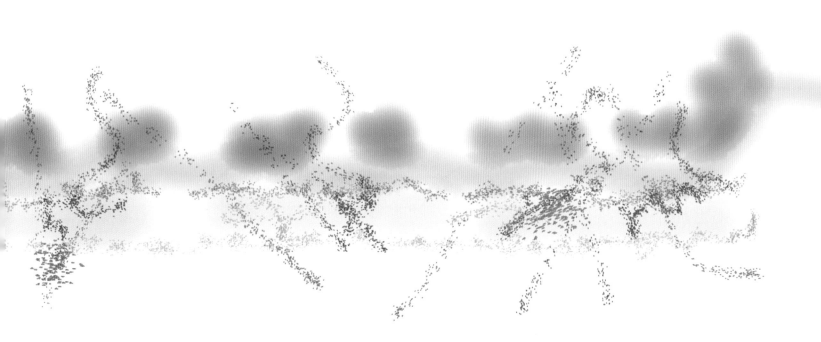

　　通辽新城区胜利河东岸景观提升项目聚焦两大问题：第一，河岸与城市的对接融合；第二，场地内部的统一衔接。景观改造设计通过植被梳理与视线通廊将河岸自然还给城市，同时提升商业机会，激发经济活力。场地内部采用统一的设计语言，为分期改造提供便利，并整合场地现有分散空间。利用见缝插针的方式增设活动场地，联通商业与居住空间，增强多样性，吸引人流，激活河岸，以带动城市发展。

The Tongliao New Town Shengli River East Bank landscape enhancement project focuses on two major issues: firstly, the alignment and integration of the riverbank with the city, and secondly, creating a unified order within the site. The transformative landscape design restores the relationship between the city and the riverfront's nature by regenerating vegetation and creating viewing corridors, while enhancing commercial opportunities and stimulating the economic vitality of the area. The site's interior provides a unified design language to facilitate the project's phased transformation, while integrating existing fragmented spaces within the site. The project makes use of threading to create new activity areas and increase diversity by linking commercial and residential areas, so as to increase foot traffic and spur urban development by invigorating the riverfront.

项目位于通辽市新城胜利河畔，河岸平行于东侧的市政府及城市主轴线成吉思汗大道，北部衔接市里最重要的文化集群——通辽市博物馆公园与沿河的文化商业街，南部则与穿城而过的西辽河相汇，是城市中一条重要的风景河道。

河岸线全长2km，西侧是硬质驳岸，沿河商业从南至北分为六个主题的休闲娱乐分区，河岸东侧为沿河绿地公园，东西两岸由五座人行桥相连。本项目是针对东岸沿河公园进行的一次景观提升。

绣花功夫，精准提升

深入研究后，我们发现河东岸存在的问题主要是：整体河岸与城市的空间割裂；地块自身存在交通、功能、空间上的矛盾；场地之间设计语言不统一；河岸活力与人气不足。

从宏观层面出发解决河岸与城市之间的矛盾，充分考虑从城市界面体现河岸景观与商业界面的效果，因此对现有地形在保持起伏的条件下进行削切处理，同时梳理植物，打开视觉通廊，将河岸景观与商业界面展示出来，带来更多的商业机会与更美好的城市景象。

由于原场地多数为相互隔离的分散空间，没有形成贯穿的滨水道路，未发挥亲水公园的优势，因此我们对现有场地进行了整理与疏通，通过增加连续性道路增强场地的可达性，亲水道路贯通全园，营造连贯的滨水空间。为尽量减少资源浪费，在整体统筹的基础上，统一相邻场地之间的景观设计语言，对局部场地进行改造提升，协调加强园区景观的整体性，相邻空间通过景观手法进行关联，保证改造前后地块的无缝衔接。施工期间可分块交错进行，便于就地土方平衡，就地移栽树木，节省改造成本。

地块中现有活动设施较少，缺乏与周边商业、居住空间之间的联系。在保持现状结构的基础上利用"镶嵌"的方式，"见缝插针"地增加多种与河道、商业联动的场景。设置多处满足市民休息观水的城市"阳台"和促使市民自发活动的城市"客厅"；借助可以让商家开展活动的广场和以祈福树为中心的许愿广场，为人们提供一个寄托心愿与祝福的场所，同时也可与商业形成联动，市民在节日与新年中相互祝愿并许下祝福，成为城市中的独特场景；增加有助于提高人气的，营造亲子氛围的儿童活动场地，运用玻璃马赛克、拼贴碎瓷片及艺术塑胶给冬季带来缤纷色彩，提升场地多样性，吸引人气；将原有驳岸全部生态化处理，形成草坡入水的风景河岸效果。

景观设计在统筹整体、协调改造周期与资金、建立与城市联系的前提下，疏通原有空间关系，保证改造前后地块的无缝衔接，精准提升空间质量，使功能复合而实用，激发城市活力。

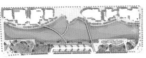
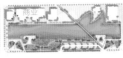

居住区

商业

胜利北路

居住区

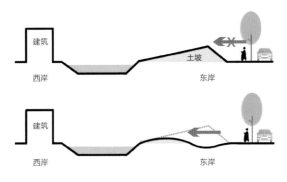

削切——打开视线。

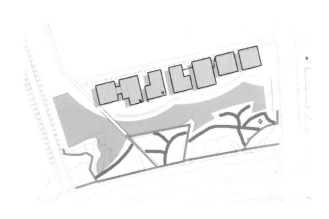

疏通——营造亲水空间。

在节约理念下对胜利河东岸进行改造提升，通过削切、疏通、关联、嵌入等几种手段对场地进行改造。削切部分土坡打开视线；疏通道路增强场地可达性，亲水道路贯通全园；场地相互关联提升整体协调性；嵌入各种功能空间提升场地活力。

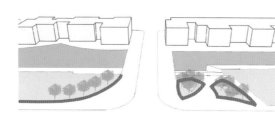

关联——加强协调性与整体性。

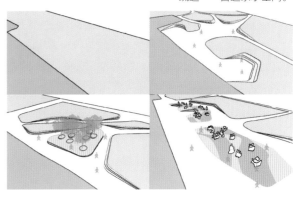

嵌入——提升功能性与活力。

鸟瞰河道。

改造之后成为周边幼儿园及学校的户外活动场地。

嵌入不同活动场地的亲水空间。

嵌入河岸的儿童活动空间。

河岸空间逐渐成为周边市民城市生活的重要组成部分。

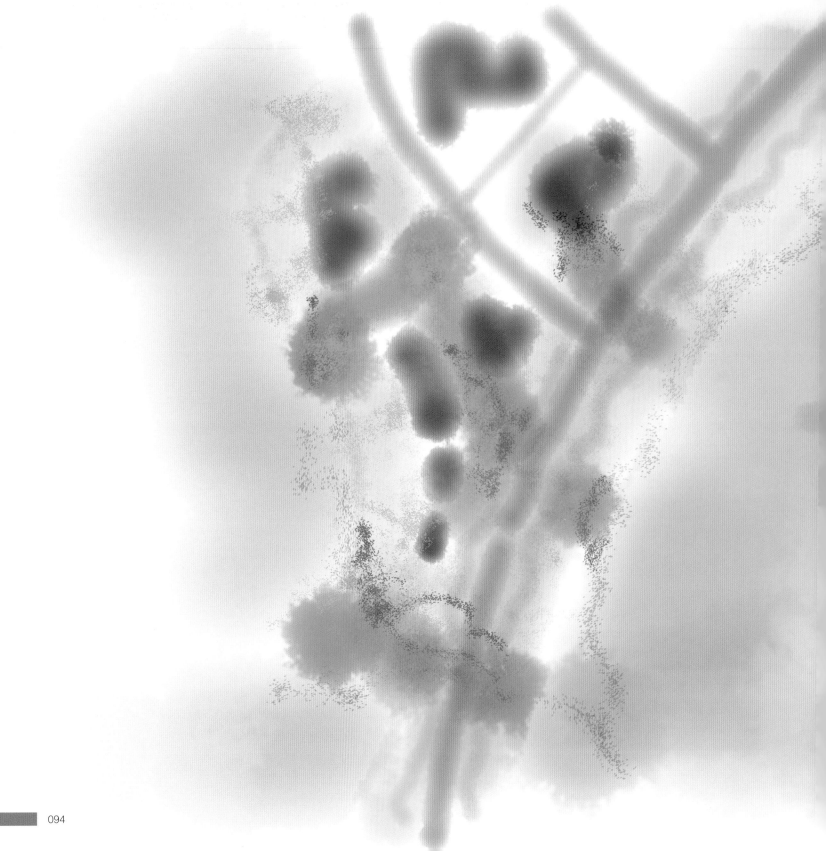

10 厦门中心公共空间景观设计
Landscape Design of Xiamen Center Public Space Project

项目地点： 中国 厦门

项目规模： 13 公顷

设计时间： 2013—2018 年

施工时间： 2015—2019 年

Project location : Xiamen City, China

Project scale: 13 hectares

Design period: 2013-2018

Construction period: 2015-2019

厦门中心公共空间项目借助清淤填海工程的机遇，建设集商业、商务、时尚、休闲以及城市地标打造于一体的 CBD 新区。设计通过一体化统筹的理念和途径，连接城市公共空间——湖景、海景、市景，释放城市资源，提升经济效益，促进自然环境与城市环境的有机共生。针对 CBD 使用者需求，打破传统单一商业空间开发模式，植入度假体验式慢生活系统，串联自然资源与城市资源，使低碳慢生活方式成为城市生活、工作、居住的一部分，以此潜移默化地改变人们的生活方式，体现绿色综合体的核心价值。

The Xiamen Center Public Space Project has taken advantage of a dredging and reclamation project to construct a new CBD area that integrates commerce, business, fashion, leisure, and erect a new urban landmark. The design links urban public space, lake and ocean views, and cityscapes through an integrated and holistic approach, and makes full use of urban resources to enhance the area's economic benefits, while promoting an organic symbiosis between the natural and urban environments. In response to the needs of CBD residents and visitors, the design breaks away from the traditional development model of unilateral commercial space and integrates a slow life resort-like experience. This has been achieved by linking natural and urban resources and introducing concepts such as slow living and low carbon living as a part of urban life, work, and residences. In doing so, the project is able to change people's lifestyles on a subconscious level, while reflecting the core values of a green complex.

地处亚热带地区的厦门，全年气候宜人、风景秀丽、环境整洁。自二十世纪八十年代设立经济特区以来，经济飞速发展，城市环境建设等诸多方面也取得长足进步，多年来获得了"联合国人居奖""国际花园城市""国家森林城市""中国优秀旅游城市""全国最宜居城市""中国最浪漫休闲城市"等诸多殊荣，逐步成为海峡两岸区域性金融服务中心，并成长为一个现代化的国际性港口风景旅游城市。

基于对厦门城市公共空间的调查了解，我们将市内的公共休闲场所大致归为三类：第一类是同时服务于市民和游客的商业休闲目的地，如鼓浪屿、曾厝垵等，它们同时具有空间形态丰富和业态混杂的特点；第二类是游客较为钟情的传统商业老街区，如中山路；第三类就是以市民休闲为主，局部兼具一些商业功能的城市公园，如海湾公园、白鹭洲公园。

这个项目从目标消费群上看，拥有广泛的受众群体；从定位、功能及空间上看，它的位置特殊、定位高，除了配合建筑群功能之外，更是肩负以建筑周边公共空间撬动整体片区发展，同时履行商业、商务、时尚、休闲中心，以及城市风景、城市标志乃至体现厦门城市精神等责任。

体验式的慢生活CBD

"悠闲、浪漫、文艺"是这座城市的精神特征，因此延续厦门"最悠闲城市"与"候鸟度假地"的城市特色显得尤为重要。在人们通常的印象里，"CBD"理应就是西装革履、人头攒动、争分夺秒的，但在这个项目中我们期许一种不同体验的城市景象，展现"乐活"的理念，培养随处可见的慢生活。鼓励各类使用者都能在室外活动，即便是办公人员也能在忙碌之余投入其中，在户外休憩、健身、步行、骑自行车，培育健康低碳、可持续的生活方式乃至新的消费观念。

通过度假体验式的慢行系统，将建筑、湖岸、中心商业广场、沿海商业广场及花园、海边绿廊、城市公园等相连接，借助慢行网络整合地块内外的滨湖滨海商务、商业、度假等资源。建立生态廊道，吸引白鹭及各种鸟类，营造一个拥有恬静湖景、浪漫海景、悠闲市景的人鸟共生的低碳慢生活场所。慢行、休闲、学习三者相依相存，潜移默化地使智慧与愉悦传递到CBD，让市民从紧张、拥堵、污染、噪音等城市的负面影响中解放出来，游憩成为城市生活、工作、居住的一部分。最终通过慢生活

的交通方式、工作方式乃至生活方式与厦门地域文化、旅游景点紧密连接起来。

超越边界一体化统筹

项目场地位于湖海之间，视野开阔，对望厦门本岛与世界文化遗产"鼓浪屿"，与东南方向的大屿岛白鹭保护区相距仅1.1公里，场地内建筑群是市内最大的商务综合体，也是CBD乃至全市的地标性建筑物，涵盖写字楼、购物中心、豪华酒店、会展中心、厦门水秀等全方位业态。

场地东侧的海沧湾原以滩涂为主，往北沿海有一片原生红树林及小型避风港，由简单的滨海绿道串联。政府计划对海沧湾进行清淤工程，修复与提升水域的生态环境，增加纳潮量，增强海水自净能力，并结合整体岸线建设、周边岛屿开发与保护等多项工程。地块西侧原有实体的护栏将湖面与滨水道乃至人们的视线隔离开来，标准化的硬质驳岸与模块化的几何亲水平台形成了略显呆板的沿湖景观，与未来自由奔放的建筑形体极不相称，因此围绕着整体区域的一体化景观改造提升势在必行。

此时景观设计已经不仅是为配合建筑存在了，而是联系基地与城市的媒介，进而消解地块边界，整合湖海资源，形成整体而连续的湖海风貌城市景观。

从未来城市发展角度进行区域整体设计，在展现城市丰富性的同时，综合考量场地内外的功能、形式、业态、城市风景等诸多因素的协调、连续、统一与相互作用，建立场地内外完善而相互关联的功能体系。在保持视野通透性的同时，提升片区的绿化率与绿视率，使基础设施更加绿色化、生态化，整个地区成为联系城市南北向的绿色廊道。保留避风港湾外侧原生红树林，并结合空间补种一定量的红树林，形成独特的海上植物园，与大屿、大兔屿、小兔屿等周边岛屿的白鹭生态保护区形成连接。

在一体化统筹设计的指引下对湖岸进行系统化改造，充分考虑从建筑底层将视线延伸至湖岸乃至湖面的可行性，形成通透的坡岸设计，并设置与建筑功能相符合的亲水平台。东部沿海一侧商业广场的椰林花园景观透过道路一直延续至滨海景观带，生态桥、花园式的下沉广场与海边的赶海广场建立了场地内外之间的联系。统筹设计场地外滨海景观带中的广场、花园、绿地、各类主题沙滩、运动公园、慢行系统、植物园以及码头，展

现与场地内的功能互补性，组成具有活力的整体风貌。

通过一体化统筹设计连接城市公共空间，将湖景、海景与CBD市景相结合，提升土地经济价值，促进自然环境与城市环境的有机共生，释放出更多的城市资源，实现可持续发展。

整合片区活力提升

在满足商业、商务、时尚、休闲中心的功能需求的同时，撬动整体片区的发展、吸引人气、制造热点、提升活力显得尤为重要。沿湖沿海两侧以通透的景观处理为主，以保证相互之间的借景，增加周边视觉的联系性，尤其需要提高从城市道路界面一侧向外传达的敏感度。

沿湖一侧从建筑到湖岸利用高差整体形成三层具有商业休闲功能的退坡台地花园，增加可达性与流动性，临近建筑一侧及台地花园上种植高大的椰树，与建筑进行纵向上的衔接以达到尺度上的匹配，地面层配合种植通透的植物景观。拆除湖岸边阻隔视线的实体护栏，换成通透的沿湖栏杆，形成驻足停留的场所，打开沿湖一侧的视野，激活了人行廊道，惠及建筑底层的商业休闲广场、中层的台地花园及滨湖漫步道、底层的亲水平台及花园。

湖心设置了大型水秀，整个湖岸形成了以水秀看台为中心，向两侧展开的空间形式，岸边各自独立的小空间在满足建筑商业、商务、酒店、会展等功能需求的同时，视觉中心均逐步移向水秀，形成内湖的一个视觉焦点与整体聚拢的空间氛围。在原有几组硬质平台上叠加一层满足新功能需求且空间丰富的亲水绿地花园，形成独立的经营场所与码头，也是观看水秀的理想之所。利用木栈道衔接贯通各平台，木材、地形、植物等软质材料对驳岸进行软化，使整个空间自然流畅。

中心商业广场由四周绿岛围绕，在保证商业活动的同时，形成一大片舒适的林下空间，与广场形成功能上的互动互补，装饰性的树池花岛引导人们通向水秀看台与滨湖景观带。酒店花园则相对独立，形成幽静且富有场所感的花园景观。

连续的建筑退台创造了将湖与海尽收眼底的契机，景观化的屋顶平台具备吸引市民前往的独特魅力，层叠的绿化平台如绿浪般从顶层倾泻而下直至地面。退台与水纹肌理形式融于地面铺装，远及场地边缘，景观与建筑首尾贯通，一气呵成。景观设计在东侧沿海商业广场中塑造出海浪般起伏的广场，构筑物与绿地相互穿插交错，椰林下的丛林花园、休闲广场、水膜广场及特殊的夜景照明与艺术铺装，增加了海岸花园浪漫的气质。旋转的下沉花园广场、生态桥及赶海广场疏导场地内与海边的人流，营造出一种从湖岸到海岸犹如穿越海上花园岛屿抵达海边的非凡感受。

借助清淤填海工程的机遇拓展滨海空间，满足未来CBD使用者的需求，植入一系列主题广场、花园、绿地、沙滩、运动公园、海上植物园以及码头等充满活力的海滨场所，丰富视觉，填补整个片区的功能空缺，提升片区活力。结合清淤打造富有变化及城市活力的滨海空间，合理开发滨海景观资源，与场地内形成互联互通，将市民以愉快的方式带到区域内的每一个角落，逐渐形成具有可持续性活力的滨海CBD慢生活片区，体现城市精神，展现独特魅力。

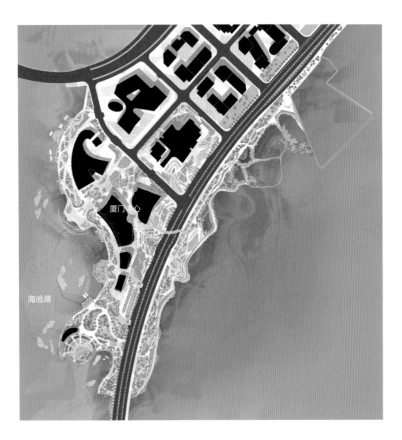

海沧湖

厦门中心

从厦门中心楼顶看场地

临近建筑一侧的台地花园上种植高大的椰树，与建筑进行纵向上的衔接以达到尺度上的匹配。退台与水纹肌理形式融于地面铺装，远及场地边缘，景观与建筑首尾贯通，一气呵成。

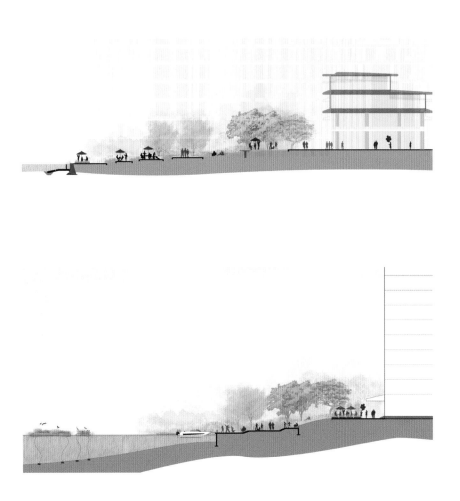

沿湖一侧从建筑到湖岸利用高差整体形成具有商业休闲功能的退坡台地花园，增加可达性与流动性，临近建筑一侧及台地花园上种植高大的椰树，与建筑进行纵向上的衔接以达到尺度上的匹配，地面层配合种植通透的植物景观。

夕阳下的公共空间

通过连续的风景与氛围将建筑、湖岸、中心商业广场、沿海商业广场及花园、海边绿廊、城市公园等相连接。鼓励各类使用者都能在室外活动，即便是办公人员也能在忙碌之余参与其间，在户外休憩、健身、步行、骑自行车，培育健康低碳、可持续的生活方式乃至新的消费观念。最终通过慢生活体现厦门特殊的地域文化与景观。

湖心设置了大型水秀，整个湖岸形成以水秀看台为中心、向两侧展开的空间形式，将原有几组硬质平台改造成亲水绿地花园。拆除湖岸实体护栏，利用通透的沿湖栏杆形成驻足停留的场所，使沿湖一侧的视觉与人行廊道全部打开，惠及建筑底层的商业休闲广场、中层的台地花园及滨湖漫步道、底层的亲水绿地花园。

在沿海广场中塑造出海浪般起伏的广场，构筑物与绿地相互穿插交错，椰林下的丛林花园、休闲广场、水膜广场及特殊的夜景照明与艺术铺装，增加了海岸花园浪漫的气质。

沿湖花园

沿海商业广场形成海浪般起伏的广场，铺装、构筑物、绿地相互穿插交错，椰林下的丛林花园、休闲广场及特殊的夜景照明与艺术铺装形成海岸花园，引导人们进入场地。

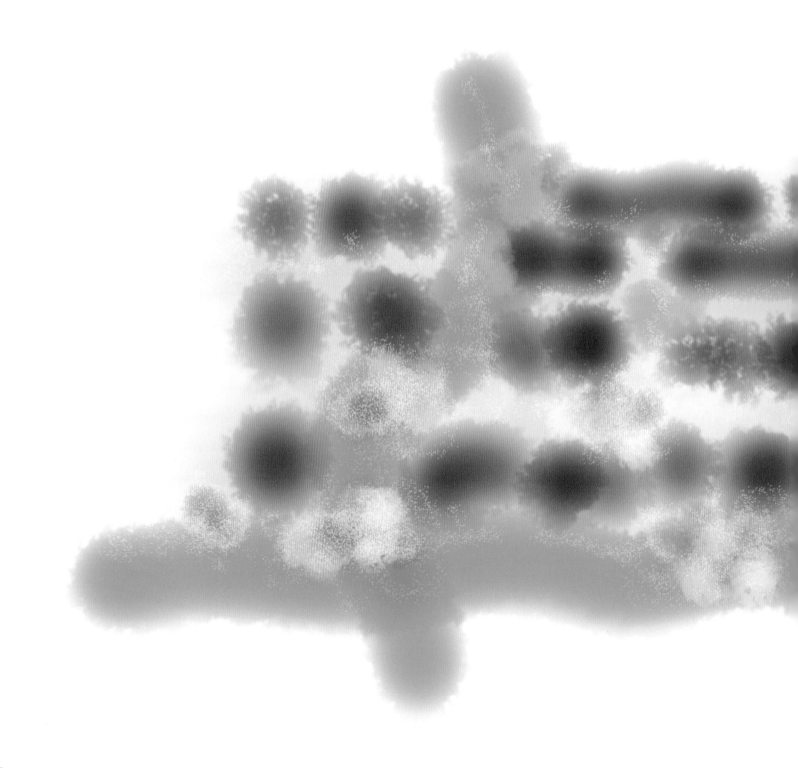

建立积极的城市关联，修正城市形态并建立均好的功能空间　互联
互助的邻里性空间

11 日照文创园低密度办公综合体景观设计
Landscape Design of Rizhao Cultural and Creatine Park Low Density Office Complex

项目地点： 中国 日照

项目规模： 6 公顷

设计时间： 2014—2017 年

施工时间： 2017—2019 年

Project location : Rizhao City, China

Project scale: 6 hectares

Design period: 2014-2017

Construction period: 2017-2019

　　日照文创园低密度办公综合体项目以开放的姿态聚合了不同功能属性的混杂空间，通过景观设计途径连接城市绿廊网络与城市空间界面，建立积极的城市关联。项目鼓励市民积极参与其中，形成互联互助的室外空间，以亲密友好的邻里空间打造为宗旨，塑造独特的办公、休闲、创新、娱乐混合场所。场地以绿色综合体的形式建立起均好的功能空间与多中心的活动空间，满足多样性需求，构建可持续发展城市空间。

　　The Rizhao Cultural and Creative Park Low Density Office Complex has employed an abstract approach in incorporating mixed spaces of different functions by utilizing landscape design to link together a network of urban green corridors and urban space facades, to establish a dynamic sense of urban interconnectivity. The project encourages the active participation of the public, with the goal of forming an interconnected outdoor space which can provide an intimate and friendly neighborhood environment, by creating a unique blend of office space, innovative features, and leisure and entertainment facilities. The site has been developed as a green complex with complimentary functional spaces and polycentric activity spaces to meet a diverse range of needs, while providing a sustainable urban space.

项目位于东港大学科技园片区，周边分布了多所大学，具有浓厚的人文与科创氛围。整个区域为开放式管理，建筑功能丰富，涵盖艺术馆、精品酒店、商业、创意工坊及各类办公空间，是聚合不同功能属性的混合空间。其特点与定位填补了整个城市功能的空白，成为市民工作与生活的全新选择。

建立积极的城市关联，修正城市形态并建立均好的功能空间

地块的开放性与整体功能的多样性需求，使设计突破地块范围与城市空间建立连续性连接，而非就事论事的传统思维；其次公共空间需满足不同群体的使用要求，并具备多重均好属性，即沿街空间更强调公共性、开放性及商业属性，而后排的街坊空间及酒店空间则更强调邻里性及私密性。

场地内涵盖一条市民常用的过境穿行道路，从艺术馆广场向北的景观轴线上可直达地块北侧大片的居住区。景观设计利用客观上的穿行需求，因势利导地形成场地内的纵向景观轴线，并在城市宏观层面将此处与城市斑块相接，利用微地形及各种植物组合使无趣的穿行道路形成安静的休憩花园，暗示穿行的人们已从外围的喧闹过渡到安静的办公与居住空间，改变穿行的单纯属性而融入创意园氛围。由于区内纵向景观轴线与城市中的绿地斑块形成宏观联系，在满足市民穿行需求的同时，将人们回家的路变成了复合的街区空间，同时反向逐步影响宏观层面，逐渐形成城市绿廊，积极修正城市空间形态。艺术馆广场同时联系着横向的沿街商业景观空间，引导人流进入场地，并与城市绿地相互联系形成连续而独特的城市街景。地块中纵向景观轴线及沿街的横向景观轴线成为与城市绿廊分支相互联系的纽带。

设计强化城市界面的引导与标志性，形成两组公共广场，将市民引入内巷。一组在城市街角，与艺术馆、酒店等建筑通过水膜、艺术装置、雕塑感的地形处理及独特的季节性植物群，形成一个较大的、具有标志感的城市广场。广场具有多元化与多中心性的特点，中心场地可举办大型活动，辐射周边场地，形成对内的向心性；与此同时，四周的场地也可根据需要独立举办活动，充分显示场地的多变性。另一组广场则利用交错的数个花岛形成颇具动势的中心景观，两侧带状绿化结合微地形将停车场隐匿

其中，对内形成可举办丰富商业活动并满足休憩需求的多功能场地，对外则展示绿色中的商业街景。园区后排的街道通过时尚的小尺度铺装及微花园增添浓郁的街坊气息，街口的各类商业橱窗展示五花八门的原创产品，与其他形式的底商一起吸引过往行人，形成热闹而活跃的街坊景象。

园区内的空间设计遵循多功能性、多中心性，且具有空间均好性的设计方法，以面对未来可持续性的变化需求。

互联互助的邻里性空间

在关注混杂属性带来的多元性空间的同时，我们同样关心这里的创意工作者们的特殊需求。怎样帮助需要经常加班、身体乏力或因缺乏创作灵感而精神不振的人们是这个项目面临的重点问题。我们建立了一个舒适的绿色平台，形成一个互联互助的邻里性空间，鼓励员工走出办公室，亲近自然，增加与他人的交往，或者得到帮助或者放松身心，从而激发灵感，提倡随时随地的健身运动，倡导快乐的工作与生活方式。

邻里化、街坊式的商住混合办公区突出了空间的多样性。公共的户外会议厅、休闲平台、组团式的休憩园以及各类运动场地，鼓励邻里交往，促进办公人群的身心健康；多功能杆可方便且随时地用于健身活动、停放自行车等，鲜艳明快的色调为办公区注入了轻松的气氛；各家院前设计打造了不同的花园来促进交往，增加场地归属感；楼间树阵广场为各类活动的发生提供了可能，如聚会、运动、聊天等，为街区增添生活的气息，营造生动愉悦的办公环境，有利于提高员工的工作效率。

在街区内交通核的立面悬挂电子屏幕，电子屏幕与四周的水膜组成舞台，结合声光电设备可举办各种活动，形成视觉焦点，与四周商业围合成街坊内的一个中心广场，成为区内一个重要的思想碰撞与业务洽谈的空间。

我们探索建立一个轻松愉快，可以提高生产力且舒适的户外交流平台，提供多种尺度的户外空间促进邻里交流互动，构建活力社交网络，增强人们的沟通并擦出灵感的"火花"，促进市民积极参与，逐渐成为城市中的一个聚集焦点。

规 划 路

济
宁
路

规
划
路

学 苑 路

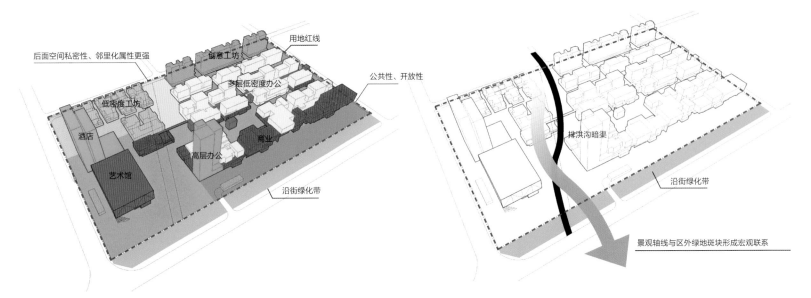

后面空间私密性、邻里化属性更强

创意工坊

用地红线

多层低密度办公

低密度工坊

公共性、开放性

酒店

艺术馆

高层办公

商业

沿街绿化带

排洪沟暗渠

沿街绿化带

景观轴线与区外绿地斑块形成宏观联系

地块中的建筑功能丰富，因此公共空间应满足不同人群的使用需求。空间具有多功能性及混杂性的特点。

利用内部景观尽量与外部环境建立联系。

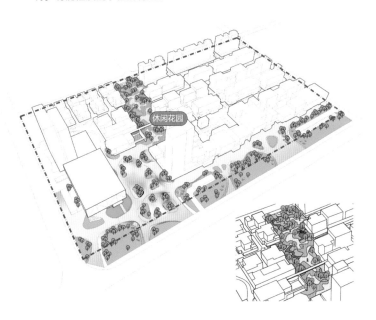

休闲花园

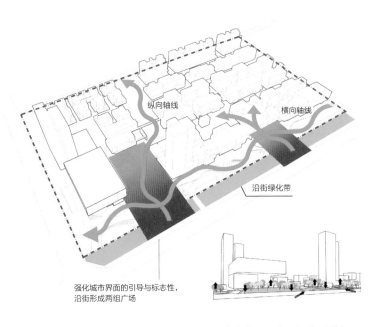

纵向轴线

横向轴线

沿街绿化带

强化城市界面的引导与标志性，沿街形成两组广场

纵向轴线的北部是安静、浪漫的休闲花园。园内设有休憩设施，可供商住人群和来此的游客使用，同时感受优雅轻松的环境。

通过极具雕塑感的广场、场景感的绿化、艺术装置和水景组合形成轻松、愉快的标志性城市界面。

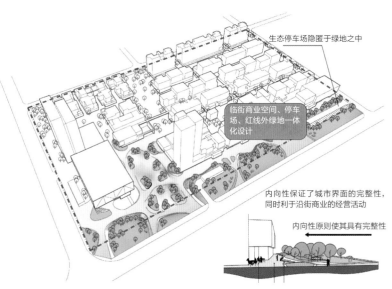

沿街商业空间需结合红线外绿地进行一体化设计，整体突出多样性及功能化，创造轻松、愉快的广场空间。

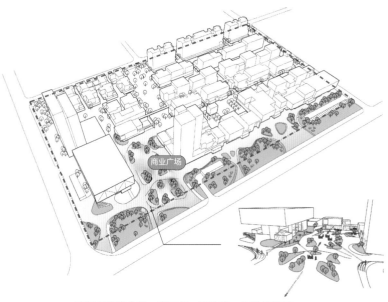

广场具有向心化、多元化、开放性、体验性特征。

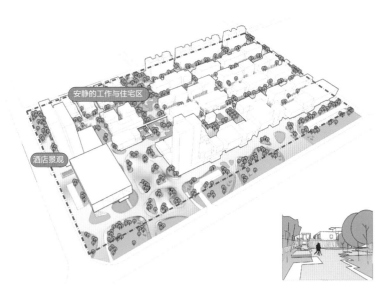

精致优雅的酒店环境与安静舒适的工作、居住环境并存。

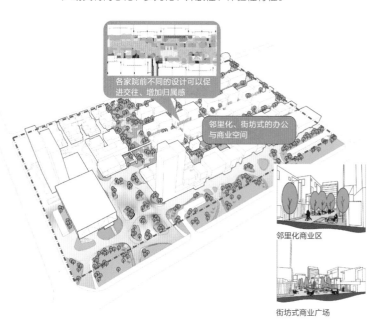

邻里化的商业区与街坊式的商业广场并存。

场地秋景

景观设计利用微地形及各种植物组合，使无趣的穿行道路转变成安静的休憩花园，穿行的人们从外围喧闹空间过渡到安静的办公与居住空间，同时区内的纵向景观轴线逐渐与城市中的绿地斑块形成联系。

沿街商业与广场空间秋景。

城市界面层强化引导与标志性。一组广场在城市街角，与艺术馆、酒店等建筑通过水膜、艺术装置、雕塑感的地形处理及独特的季节性植物群，形成一个较大的、具有标志感的城市广场。另一组广场则利用交错的数个花岛形成中心景观，两侧带状绿化结合微地形将停车场隐匿其中，对内形成可举办商业活动并满足休憩需求的多功能场地，对外则展示绿色中的商业街景。

街坊内一个尺度适中、具有活力的广场与四周
商业组成了人们行为活动的中心及视觉的焦点，
也是园区内一个重要的交流空间。

多种尺度的户外空间促进邻里交流互动，构建活力社交网络。

园区落成之后每年都会举办近百场各类活动，吸引上百万本地及外地游客前来参观游览。填补了城市中文旅、创新、休闲等功能的空白，提高市民的幸福感。

邻里化、街坊式的商住混合办公区突出了空间的多样性。公共的户外会议厅、休闲平台、组团式的休憩园以及各类运动场地鼓励邻里交往，促进办公人群的身心健康。

12 宁波市南部商务区绿色综合体景观设计
Landscape Design of Ningbo Southern Business District Green Complex

○ **项目地点：**中国 宁波　　　　　　　○ **Project location :** Ningbo City, China

○ **项目规模：**7 公顷　　　　　　　　○ **Project scale:** 7 hectares

○ **设计时间：**2014—2016 年　　　　○ **Design period:** 2014-2016

○ **施工时间：**2016—2018 年　　　　○ **Construction period:** 2016-2018

宁波市南部商务区绿色综合体项目依托于商务新区建设，建筑功能包括商务办公、居住、文化展览等。景观设计旨在以集约化的方式满足各类户外活动的需求，最大化利用城市公共空间资源，通过梳理不同空间的利用，挖掘场地潜能，满足不同人群的需求，激发不同时段的活力。该项目创造了一个生态的、多元的、复合的绿色综合体。

The Ningbo Southern Business District Green Complex has taken advantage of the city's new business district to develop buildings with a diverse range of functions, including commercial offices, residential facilities, and cultural exhibitions. The goal of the landscape design is to use an integrated approach to meet the needs of various outdoor activities by maximizing the use of urban public space, exploring the underlying potential of the site, categorizing the use of different spaces, meeting the needs of different groups, and supporting the dynamic use of these resources during different times of the day. The result is a green, diverse, and integrated urban green complex.

宁波地处东南沿海，是长三角五大都市圈中心城市之一，经济发达。近年当地在发展经济的同时，对市民的健康管理也格外重视。曾有调查表明，宁波市年龄在20~69岁的市民中，大约有34%的人每周体育锻炼频度大于5次，大约7%的人每周锻炼频度为4次。

项目地处鄞州区政府以南商务区的中心区，四周分布有商务区组团、居住区组团、鄞州公园、博物馆及文化馆等。在这个项目中我们希望探索出一种兼顾商务区效率与绿色、健康、活力的户外空间模式，以应对城市在空间使用上更多的集约化需求。

"领域感"与"绿色屏障"

地块内各建筑单体从属于不同的公司，因此建筑的形式、风格、体量大相径庭，形成各自为政的局面。设计将同心圆形式的铺装作为整合地块的主要手段，为建筑划定可独立使用的区域，既保持各建筑地块的"领域感"，又能够平衡建筑之间风格、体量的差异，形成建筑与建筑之间的连接，保证场地整体性及连续性。

商务区的高层高密度带给城市空间的问题是普遍存在的，该地块场地间距与建筑高度的比值达到了1∶5，高层建筑与局促的室外空间，给室外活动的人们造成了心理上的压抑感，也无法保证在楼间活动的人的私密性。为了缓解建筑带来的压迫感，同时兼顾室外活动人群的私密性，景观设计利用浓密的林荫树在楼间创造了一道绿色屏障，以"最大限度栽植乔木"为原则，将商务区笼罩在一片林荫绿网中。通过塑造的绿色屏障既缓解了办公人群的视疲劳，又切断了室外与室内人们的视线干扰。大量的乔木建立了舒适宜人的尺度感，成为重塑户外空间的根基。

"系统叠加"激发场地潜能

景观设计对于使用群体做了充分的研究，确定基地内各建筑功能及主要使用人群类型，从使用者行为习惯出发设计场地，提高景观实用性。研究中我们发现使用这些场地的人群按使用频率从高到低依次为：商务区内的办公人群、周边居住人群、临时办事的商务人群以及观光人群。不难发现我们将使用者的人物设定从单一型扩展到了更大范围，将地块看作一个与周边环境相互关联的综合体，从各类人群在场地中的使用特性及使用时段出发，"叠加"不同的系统，有效地提高场地的利用效率。

将林荫系统、健身系统相互融合，为办公人群提供一个舒适惬意的户外交往空间。针对商务办公人群常见的健康问题，在场地中建立一套与健身相结合的景观休息设施，包括多功能的拉伸座椅、塑胶拉伸场地、力量拉伸架、TRX（Total Resistance Exercise，全身抗阻力训练，也叫悬挂训练）设备、大绳训练廊等，花样繁多，以帮助使用者舒缓工作压力。

绝大多数的商务区室外空间在人们下班之后便会逐渐安静下来，形成了"白天闹城，夜晚死城"的囧境。多元化空间系统与健身系统可以吸引更多的非办公人群在场地中活动，加上建筑底商的经营，延长了场地的活跃时间。室外空间与多功能的休闲设施不仅为餐饮聊天、健身散步提供场地，还可以在适当的时间举办书友会、交流会、户外音乐、产品发布、商品促销、创意秀场、装置艺术展示等活动。

预制设施系统提高施工效率、优化空间与功能组合；水景系统增加了更多的市民亲水空间；海绵系统则减小了城市管网的压力。通过叠加丰富的系统模块，城市的公共空间能更加绿色化、多元化、综合化，并能更多地承载城市功能，发挥高效的使用潜能，激发活力，最终在城市中扮演更为重要的角色。

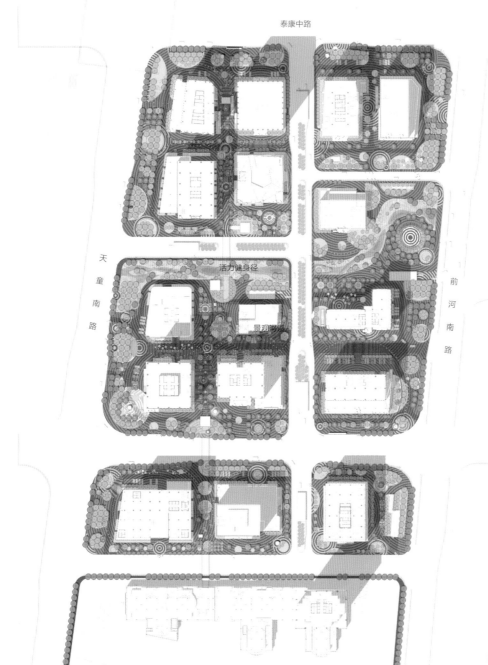

泰康中路

天童南路

前河南路

活力健身径

景观河道

平面图

区内景观河道

健身径

场地内广场

场地内广场

活力健身区

13 厦门翔安国际机场公园方案设计
Landscape Design of Xiamen Xiang'an International Airport Park

○ **项目地点：** 中国 厦门

○ **项目规模：** 58 公顷

○ **设计时间：** 2015—2017 年

○ **Project location :** Xiamen City, China

○ **Project scale:** 58 hectares

○ **Design period:** 2015-2017

　　厦门翔安国际机场公园设计打破了传统机场景观设计的理念与定位，将机场公共空间作为城市文化与休闲活动的重要载体，融合商业、会展、酒店等功能空间，打造目的地式的机场景观，真正使翔安国际机场成为厦门的文化共享平台与独特的城市名片。在此基础上，充分发挥厦门花园城市的优势，借助机场交通枢纽功能，发展鲜花产业共享平台。设计注重可再生能源的利用及土壤改良，以可持续经营理念重塑机场景观在城市中的角色。

The Xiamen Xiang'an International Airport Park features a design which breaks away from traditional concepts and approaches towards airport landscape design. By treating airport public space as an important conveyor of urban culture and leisure activities, the park has integrated commercial facilities, exhibitions, hotels, and other outdoor functional spaces to create an airport landscape that is a "destination landscape" attraction. In doing so, the park has truly made Xiang'an International Airport a platform for cultural exchange and has established a unique brand for the city of Xiamen. By giving full play to the advantages of Xiamen's identity as a garden city, the park can spur the development of a shared platform which supports the flower industry by utilizing the airport as a transportation hub, while focusing on the use of renewable energy and soil restoration to reshape the role of an urban airport landscape through the concept of sustainable business operations.

厦门市已有的高崎国际机场，位于市中心湖里区，是中国东南沿海重要的区域性航空枢纽及国内十二大干线机场之一。由于地理位置及现有设施的限制，政府部门准备在本岛外较远处兴建新机场以替代原有机场，新机场在给周边带来新的发展机遇的同时，原机场场地进行改造，归还于城市用于他途，一举多得。

新机场定位为国内重要的国际机场、区域性枢纽机场、国际货运口岸机场以及两岸交流门户机场，选址于翔安区大嶝岛，距本岛中心区仅30公里。

目的地式的机场

我们在翔安机场景观方案设计的过程中始终在探讨一个问题，即其对于一个城市的功能定位。传统的定位更多地强调机场交通枢纽的功能，而忽略了它在城市文化、休闲等基础设施外延部分发挥的作用。对于旅客而言，机场是他们最先体会所属城市文化气质的地方；而对于那些生活在这个城市的人来说，机场则被赋予归属感，是家园的象征。来自世界各地的旅客经历舟车劳顿的旅途，在机场短暂停留、小憩、交往，我们应该给他们提供一个更加优质的空间。所以，我们认为机场不仅仅是一个高效运作的交通枢纽，同时也是传递地域文化的窗口，是旅客情感的港湾，也许还

能成为城市中一个重要的交往目的地。

在方案设计中，GTC（Ground Transportation Center，地面交通中心）停车楼大厅及酒店周边设置了一个面积约7公顷的室外花园，配合GTC与四星、五星酒店的使用，在其西侧更有占地约9公顷的绿核以及未来二期将要建设的会展中心及商业办公楼。这里不仅仅是旅客休息、购物的场所，也将是新的市民活动中心。

在户外的景观设计中，我们将提高场地舒适度作为首要任务。这里的夏天潮湿、闷热、太阳辐射强，景观设计将通过微地形改造、水体景观的营造、科学合理的植物配置以及各种科技元素的叠加，营造一个通风良好的大环境，尤其是在建筑周边形成幽静且舒适的室外环境，抵御夏天的炎热。

另一方面我们进一步提升场地的弹性，打造复合化、多功能的室外空间。由于室外花园与绿核通过树林广场得到了充分的衔接，促使周边元素的交互更为积极，不同尺度的室外空间在功能上与周边的商业、酒店、会展服务联动，满足举办多种类型、多种规模活动的需求，譬如迎来送往的聚会、草坪婚礼、商户论坛、公共艺术展览等。本项目的景观设计如同电脑的usb接口，使场地衔接更多的机场服务功能，不仅带来新的消费模式，更引入如接口般开放式的创新理念，使机场空间成为厦门独具特色的文化共享平台。

融合观赏性与产业性

厦门是一座优美的花园城市，这是本项目设计理念的一个尤为重要的切入点。我们将5公顷的GTC机场停车楼屋顶设计成斑斓的花圃，根据覆土条件和景观需求种植易养护的棕榈科植物和花灌木，大面积的花卉形成强烈的视觉效果，成为随不同季节变换色彩的、动态的地标性景观。这个屋顶花圃将成为可以在空中俯瞰的彩色城市地标，将厦门花园城市的理念作为第一印象传递给来往的旅客。

大面积色彩缤纷的花圃不仅在视觉上成为机场的标志，还可以作为旅客和市民参观拍照的休闲场所，参观的收益用于贴补养护管理的费用。更为重要的是，这将是一个生产性的苗圃，利用先进生态技术培养的花卉，一部分自产自销，定期运用到机场的室内绿色装饰，另一部分会用于机场经营的鲜花伴手礼，满足迎来送往的需求。同时，充分借助机场作为高效、便捷、人流量大的交通枢纽的优势，结合物流、会展功能，建立一个国际性的鲜花、蔬果交易平台，汇集中国台湾及世界各地的鲜花水果，策划展会、市场、市集，让鲜花以及蔬果产业在机场运作起来。同时结合丰富的休闲娱乐、文化体验活动，让往来的游客从视觉欣赏到参与消费、亲身体验，感受花园城市机场的与众不同，打造富有吸引力的厦门旅游新亮点。

屋顶花圃的设计引申出鲜花婚庆文化，室外花园中的弹性小空间可以作为草坪婚礼的场所，凭借机场的功能优势，将酒店婚礼、场地婚庆、蜜月旅行、伴手礼馈赠等相关元素连接起来。

至此，屋顶花圃不仅是一个视觉景观，更是一个生产链条，成为厦门市会展、物流、旅游、休闲产业上重要的一环。

多领域交织生态链条

机场的方案设计注重可再生能源的利用及填海造地土壤的改良，通过科技手段，提升人工岛回填土肥力，抑制土壤盐碱化，形成良好的生态基础。为了充分发挥绿地的"海绵"功能，我们通过微地形改造，集中地及建筑屋面雨水，将屋顶绿化、植物排水沟、滞留池、净化花台等改建成不同形式的雨水花园，对雨水产生的大量地表径流进行疏导、滞留渗透和净化。将景观化的雨水收集利用措施与建筑、市政管网相结合，形成灰绿结合的海绵网络。

为了更好地结合机场用水并最终统筹大区域雨水资源的利用，我们在绿核的中心区域设计了一个景观湖，湖水水源来自雨水收集和少量的中水补给。借助微地形梳理场地内的地表径流方向，将来自机场航站楼、GTC停车楼、酒店，乃至周边建筑屋顶、绿地地表、道路的雨水收集汇入中心绿核的景观湖水体。该水体集观赏与功能于一体，利用功能性湿地与景观湿地相结合的方式，使雨水循环净化，作为绿地浇灌、景观水体的补给等景观设施的水源。另外湖体本身还作为冷凝塔调蓄池的水源而存在，它平均可以提供320m³/d的再生水给冷凝塔。整个系统除去观赏之外也是一整套节约、高效、平衡的生态链条，最终每年可为机场节省约20万立方米水资源。

此次机场项目，景观不只是建筑功能的延伸与互补，而是不可或缺的重要城市角色，从城市文化、产业共享与可持续经营理念出发，探索出一条激发城市活力的崭新思路。

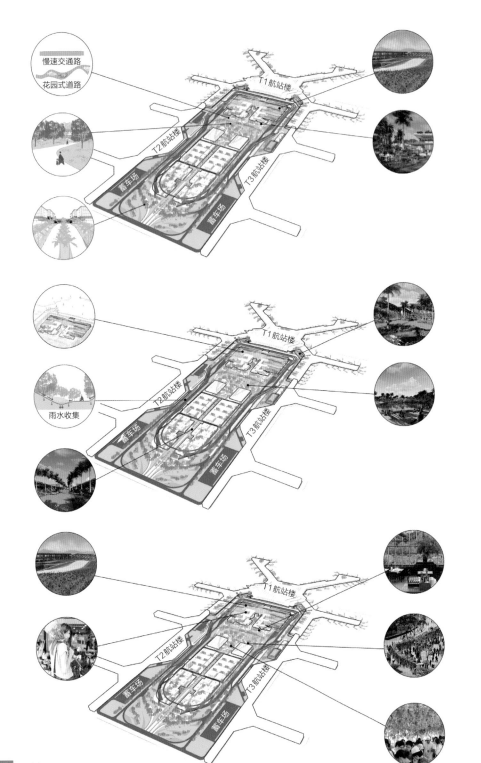

花园式景观：由屋顶花围、花园式交通、绿核花园、迎宾花园、精致的酒店花园、庭院花园、客房花园、航站楼花园组成。

海绵生态系统：包括屋顶雨水收集系统、停车场雨水花园、中心生态水池、分散在场地内的各类雨水收集与过滤系统。

共享与可持续：从景观、建筑、产业跨行业相互衔接，兼顾多功能与可持续的经营理念，为景观注入新的活力与创新力。

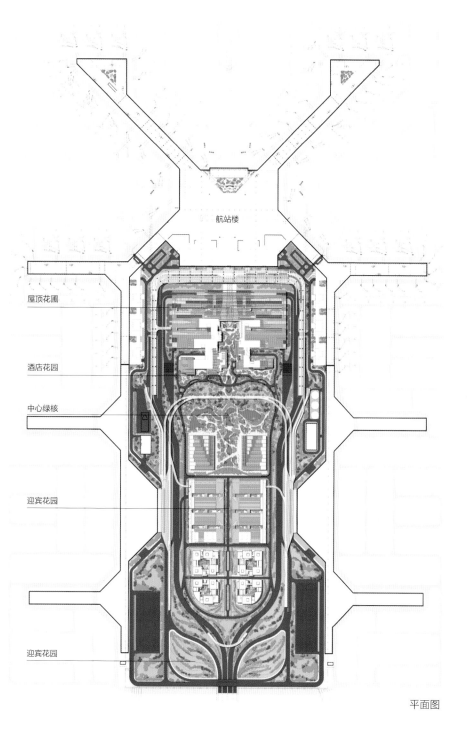

航站楼

屋顶花园

酒店花园

中心绿核

迎宾花园

迎宾花园

平面图

雾森创造水珠微粒，创造不同角度的光。

喷泉与许愿装置相结合，创造奇妙场景。

雾森创造水珠微粒，反射不同角度的光。

雾森结合光学设计，创造人造彩虹。

H_2O

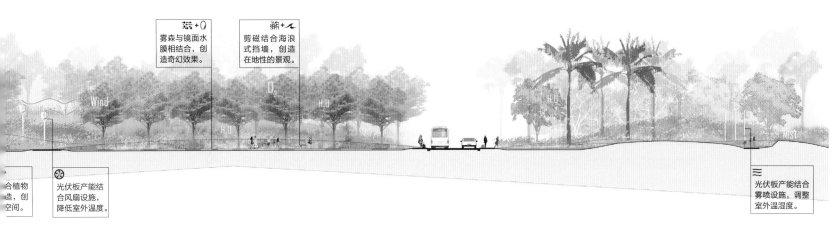

雾森与镜面水
膜相结合，创
造奇幻效果。

剪磁结合海浪
式挡墙，创造
在地性的景观。

合植物
造，创
空间。

光伏板产能结
合风扇设施，
降低室外温度。

光伏板产能结合
雾喷设施，调整
室外温湿度。

中心绿核剖面与效果

14 公共绿地与地下空间的一体化整合（兰州开盛广场、陆都花园及宁波永泰公园）

Integration of Public Geen Space and Underground Space (Landscape Design of Lanzhou Kaisheng Plaza, Ludu Garden, and Ningbo Yongtai Park)

◎ **项目地点：** 中国兰州、中国宁波

◎ **项目规模：** 平均 1 ~ 2 公顷

◎ **设计时间：** 2008—2018 年

◎ **Project location :** Lanzhou City, Ningbo City, China

◎ **Project scale:** 1-2 hectares per project

◎ **Design period:** 2008-2018

　　兰州开盛广场、陆都花园及宁波永泰公园三个项目是城市中典型的公共空间样本。随着城市飞速发展，公共空间的更新迫在眉睫。景观设计通过地上与地下一体化的开发模式，探索了绿色综合体建设的纵深潜力，展现了资源协同的有效性，不仅表现在水平面的空间扩展，更包含地上地下的一体化整合，这在高密度的城市建设中心地带至关重要。三个项目的改造更新，将绿色渗透进入市政设施，引领餐饮、购物、休闲、娱乐等城市生活的品质提升。

The Lanzhou Kaisheng Plaza, Ludu Garden, and Ningbo Yongtai Park are three projects which are typical examples of public space in a city. Having undergone such rapid development, the renewal of public space in these cities is an urgent imperative. The landscape design explores the far-reaching potential of green complex construction through above- and below-ground development. In doing so, the design demonstrates that resource synergy and its effectiveness is not only expressed in a spatial expansion of the horizontal plane, but also through the integration of elements below the surface, which plays a crucial role in developments situated in the heart of high-density urban areas. The renovation and renewal of these three projects will infuse green principles into municipal facilities, while ushering in improvements in the quality of urban life through elements such as dining, shopping, leisure, and entertainment.

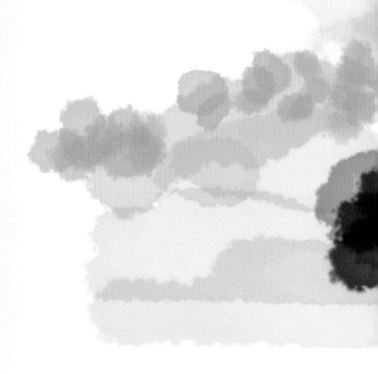

随着城市化进程的不断推进，可用土地资源日趋紧张，生产、生活、生态用地矛盾愈发尖锐，在高密度的城市建成区，公共绿地逐步变成城市建设蚕食的对象。而绿地作为城市生态平衡的调控者，其面积的快速减少，直接导致了城市抵御灾害能力的减弱，加重了城市生态环境的恶化，成为制约城镇化发展的阻力。

为解决城市用地矛盾、扩大城市空间容量，单一粗放的利用模式已经不能适应社会发展的需求。地上和地下空间的综合开发利用逐渐变成城市发展的重要趋势。城市公共绿地与地下空间有机融合地、综合地进行设计与开发，地上地下形成互相促进、共同繁荣、统筹协调的多功能综合体，成为解决城市土地资源紧缺，改善城市生态环境以及社会、经济环境的重要举措。这对于城市集约化、可持续发展具有重要意义。下面通过三个尺度与功能类似的项目来分享我们的相关思考。

一体化的都市绿色空间

兰州市开盛广场、陆都花园及宁波市永泰公园三个项目的设计条件基本相同，同样位于城市的中心区，周边均被高密度的商业、办公及居住建筑包围，由于周围土地价值不断提升，场地深陷被侵蚀的尴尬境地。

景观设计将地上的公园、广场、商业与地下停车、地铁车站统筹考虑，通过立体的组织交通，联通周边商圈，成为地上地下功能一体化的有机综合体，也是涵盖景观、交通、商业等复合功能的立体综合公园。通过设置地下活动空间，将绿地中的服务性建筑和设施转入地下，增加地面的绿化面积，形成更加人性化的优美环境；在地下空间布置停车、餐饮、购物、休闲、娱乐、市政等设施，实现地铁出入口与地上道路、地下商业空间的无缝连接，解决地上与地下的配套服务需求。设计拓宽使用者范围，激发潜在需求，地上与地下空间形成功能互补，为项目注入新的活力与能量。

地上与地下空间的一体化打破了两者独立开发建设的传统，强调地上空间与地下空间的流通与互动，两者界限不再清晰，地面不再仅作为地下建筑的入口，而是地下空间的有机生长。公园与地下公建紧密结合，进行统一的空间布局和空间形

宁波永泰公园剖面

态设计，模糊空间上的分界，塑造整体和谐的城市公共空间系统。同样，地下空间也作为地上空间的向下延续，摆脱了原有传统地下空间闭塞、空气不流通、阴暗，以及公共空间开发受限等劣势。

　　节省出来的地面空间，可以成为绿荫公园或绿荫广场，增大绿量，为使用人群提供更加舒适的活动空间。同时增加的绿地斑块也可与周边城市绿地空间有机结合，连接为城市统一的绿廊。

　　公共绿地与地下空间的一体化设计，需要协调众多的设计单位和行政职能部门，但对于城市而言，它在提高城市集约化水平、改善城市环境、增加空间丰富度，乃至提升城市生活质量等方面能够起到立竿见影的积极效果。

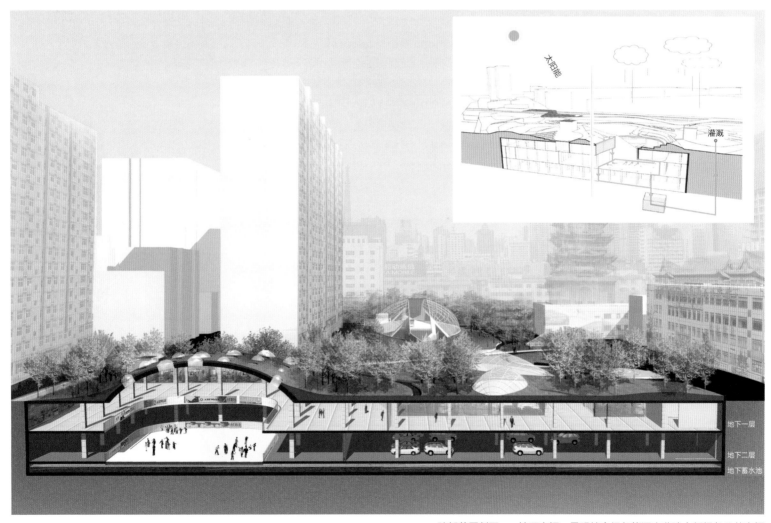

陆都花园剖面——地下空间、景观结合绿色能源产业建立新绿色公共空间

多维渐变与融合　重塑历史工业场所价值链
构建废弃场地生态链　延伸相关行业产业链

15 第十一届江苏省园艺博览会博览园主展馆景观设计

Landscape Design of The 11th Jiangsu Horticultural Exposition's main pavilion

○ **项目地点：** 中国 南京　　○ **Project location:** Nanjing City, China

○ **项目规模：** 10 公顷　　○ **Project scale:** 10 hectares

○ **设计时间：** 2019—2020 年　　○ **Design period:** 2019-2020

○ **施工时间：** 2020—2021 年　　○ **Construction period:** 2020-2021

江苏省园艺博览会博览园主展馆景观设计项目原场地拥有独特的工业遗产历史记忆，改造设计衍生出了多层次交错的信息结构，景观展现了历史记忆再生与现代使用需求的秩序化整合。从工业文明到生态文明，从自我发展到自然和谐，绿色综合体的实践是对历史的尊重，也是对社会发展的有力回应。

The landscape design of the Jiangsu Horticultural Exposition's main pavilion showcases the unique traces of the region's industrial heritage. The renovation's design is inspired by a multi-layered and interlacing information structure, and the landscape harmoniously integrates the revival of historical memories with the needs of modern utilization. From industrial civilization to ecological civilization, and from unilateral development to ecological harmony, the implementation of this green complex is a tribute to the region's history, and a powerful statement regarding social development.

147

有7000多年文明史的江苏省会城市南京，历史上长期作为南方的政治、经济、文化中心，是四大古都之一，现今仍是东部地区重要的中心城市。

江苏省园艺博览会是由江苏省政府主办的，展示江苏园林、园艺历史与发展的重要窗口，也是城市发展的一大契机。第十一届江苏省园博会为能够充分体现城市的集聚效能，特选址在江宁区的汤山温泉旅游度假区附近，旨在发挥其辐射带动能力，引领南京东部地区的全面发展。

园博会博览园主展馆选址是昆元白水泥厂和银佳白水泥厂遗址，两者于2017年入选《南京市工业遗产保护规划》的工业遗产保护名录，是其中最年轻的工业遗产，见证了南京工业与城市的发展史。以这两处工业遗址作为主展馆的建设基地，使人们共同见证通过建筑与景观的再利用和生态修复、城市织补等手段，将工业废墟重生为绿意盎然且充满生机的新型绿色公共空间的过程。

多维渐变与融合

整个片区呈现出东西横向的空间特征，建筑设计保留了原始建筑遗迹的空间结构与竖向关系，新建建筑以原有的横向肌理叠加入整体片区，在保持东西横向空间特征的基础上，为满足博览会特点与需求，景观设计叠加了南北纵向肌理，使场地呈现横纵交错的空间特征。景观设计依托整体的建筑规划布局，强化了南北纵向线性空间的引导作用以及东西横向的参观游览作用。

地块被三条东西向的石笼挡墙分割成为不同高度的三块台地，形成了从北至南20m左右的高差，这也是延续了原有的地块脉络与特征。三个台地组团分别是由北面的办公区、主入口广场、展厅、餐饮区、酒吧、专卖店与各主题广场组成的主展区，中间的遗址花园街区和南面的自然放松花园区。北面的区域与园博园的主入口广场相衔接，办公、观演、展厅、餐饮、酒店住宿等功能建筑一字排开，这里是园博园的主要游览区域，景观设计为每个主体建筑提供了专属广场，北侧的前广场配合建筑形成开放活跃的展示花园，后广场或是安静的休憩花园或是衔接遗址街区的立体展示广场。这些广场成为托起建筑的一个个绿荫甲板，承载游客观演、集散、室外餐饮、户外参观、等候、林下休憩等丰富的休闲娱乐活

动，各具特色的广场起到了疏解游客压力、丰富游览空间的重要作用。甲板广场中间的引导性景观路清晰地将游客引导至遗址花园区，起到了迅速疏导人群的作用，使游客从主入口进入主展馆园区之后迅速进入各主题区游览。

遗址花园街区处于中间地块，这里有被保留下来的大量水泥厂遗址，我们将它改造成为一个东西向的花园式街区。北侧为主要通过性街道，比邻坎墙，可眺望主展区。主街道采用质朴的料石衬托建筑，道路穿插在水池、花园中，遗址建筑成为时尚潮店与展厅的载体，被花园植物围绕。游览道路由架空钢板与格栅构成，在花园与旧遗址中穿梭，避免了参观过程中的乏味。深入其间，遗址花园内部的平静与主街上的熙熙攘攘形成鲜明的对比，为游人追忆历史创造了一个恰如其分的幽静空间。

地块南端是毗邻后山的自然放松花园，在这里园博园主展区逐步过渡，与自然山林融合，形成从主展区、遗址花园街区到放松花园，由北至南相互交织逐渐向自然渗透的和谐关系。整个展区景观序列呈现了从人文走向自然的过程，也展现了从工业文明迈向生态文明的历程，体现了人的自我发展需要与自然平衡的深层含义。

以"可持续融合"为核心，重塑历史工业场所价值链、构建废弃场地生态链、延伸相关行业产业链，将场地转化为实现三链协同的可持续聚集地，为废弃的工业遗址注入新活力、新生机，提升场所的现代空间价值。景观通过保护、生态修复、可持续再利用的设计手法，将工业废墟重生为绿意盎然且充满生机的新型绿色公共空间，赋予水泥厂遗址新生命，开启一段新的历史。

重塑历史工业场所价值链

后工业遗迹再生设计，多以尊重历史的生态修复为主。此次设计试图发掘更多工业遗址的再利用方式，通过声景、光影、装置艺术、场景拼贴多感官地触发游人和场所间的交流。整体景观以包容谦逊的姿态呈现，保留工业痕迹与历史记忆的同时，将游客由建筑引向自然山林，引发人们对历史人文与自然环境均衡发展的进一步思考：自然并不是人工的附属，生态文明是社会文明的延伸。

放松花园区的声景装置加强自然场景与游人间的互动，通过《大地回响》《南京记忆》《自然畅想》三个主题的声景，讲述水泥厂与南京的过去，提供场景间的转换与叠合，带给人沉浸式的体验。光影艺术在不同区域展现独特夜景。园中几处空间将旧场景与新空间进行场景拼贴，搭配本土植物，再现文人墨客描述的南京情景，营造令人熟悉又陌生的新的空间片段。为化解原场地高差，设置三条石笼挡墙打造《基因》艺术装置：金属网箱中装填工业遗存、自然山石、废弃工具与施工遗留物，共同形成场所记忆之墙。金属网箱为工业文明代表，装填的自然山石取自现场的工业遗存，包含遗存混凝土、砖石、建筑废料，同时加入施工期间工人们使用过的建造工具和一些有意义的遗留物，形成抽象与写意的场地历史基因之墙。墙中植物萌芽而出，蕴含了现代人对历史完整性的尊重，唤醒人们对产业工人历史贡献的纪念并传承其奉献精神，同时寓意对未来的绿色发展饱含期待。

构建废弃场地生态链

废弃水泥厂与周边经年累月开采的采石场遗留下被大片裸露山石包裹的荒废厂房。我们关注如何通过景观设计修复废弃退化的场所与土地，重建生态系统，在复绿过程中置入低碳降碳的可持续景观。主展馆区域使用乡土植物多达六十余种，高于80%本土植物应用率和大于75%的全区总体绿化覆盖率，将建筑与工业遗址隐匿于多维度的立体森林中。

原场地破旧石材和建筑废料被收集作为生态挡墙填充物，掺杂本土多种花籽草籽重新融于自然。植物设计摒弃精致的草坪，模拟本土自然植物群落，增加乔灌草复层结构，在降低日常维护标准和频率的同时，加速植物群落自然演替。45%的建筑覆盖绿色屋顶（种植高大乔木7种），30%的立面增设垂直绿化，多层次绿化相叠加展现"立体森林风貌"。在大幅度增加碳源的同时，降低建筑对能源的依赖。成组的筒仓遗址是主展馆区域的制高点。设计将姿态挺拔的油松、黑松、桂花、樱花、海棠、桧柏植于筒仓顶端，增加绿化覆盖率与绿视率，也提供鸟类和昆虫理想的栖息之所。

延伸相关行业产业链

区别于传统短期展会性质的园博园，本次景观设计将展会中和会后的可持续使用统筹一体化设计，带动相关产业链条联动与发展。主展馆周边弹性的室内外联动空间叠加完备的基础设施，结合后期运营将成为主题展园、休闲市集、高峰论坛、活动赛事承办的多功能场地，实现废旧工业空间向绿色经济空间的创新转变。

遗址花园街区将展期与展后的业态变化一并考虑，融合各类植物花境，引入观花植物、食源植物、蜜源植物等38种植物，增加12种芳香植物、5种药用植物、4种可直接食用植物，将植物的功能由视觉欣赏延伸至嗅觉、味觉的品味。场地与展陈一体化设计，展厅花园户外区作为临时名贵盆景的布展空间供游客观赏与购买。此次探索也对展园结束后的园区转型升级、联动上下游产业、保证稳定收入作了深入的思考。

第十一届江苏省园博园于2021年4月开园，平均每日接待近4万游客，获得央视、人民日报、新华社等主流媒体的持续关注和报道。此次主展馆景观设计将工业遗址、历史和现代生活叠加，重塑人文与自然的和谐共生，对可持续使用空间和绿色经济产业转化进行探索。景观设计不只是考虑三维空间，唯有叠加"时间"的维度，才能在设计、建造到后续的可持续使用中解答不断出现的困惑，呵护场地全生命周期的生长与复兴。

鸟瞰全区

平面图

绿色穿行
立体森林系统
自然放松花园
+
延伸出的广场空间
+
叠加新建筑
+
工业遗迹
与自然山
林基底

自然放松花园区
遗址花园区
主展区

保留建筑的空间结构：保留建筑、现状竖向所呈现的场地肌理和横向线性空间特征。

新建建筑和保留建筑形成的空间结构：新建建筑在原有的横向线性肌理上叠加建筑，形成与之交叉的纵向空间。

景观空间结构：景观延续建筑肌理，强化纵向的线性空间，并延续到陡坎，横纵空间相互交织融合。

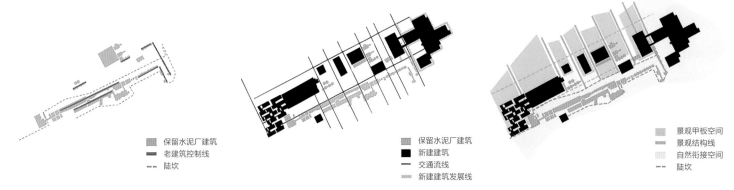

保留水泥厂建筑
老建筑控制线
陡坎

保留水泥厂建筑
新建建筑
交通流线
新建筑发展线

景观甲板空间
景观结构线
自然衔接空间
陡坎

在尊重场地原始肌理、保留遗迹空间结构与场地竖向关系的前提下，景观设计建立南北纵向线性穿插空间，强化东西横向参观游线，使园博园主展馆片区呈现横纵交错、多层信息叠合的景观结构。

改造设计融合历史工业场所价值链、废弃场地生态链、相关行业产业链，衍生出了多层次交错的信息结构，将历史记忆再生与现代使用需求有机融合。

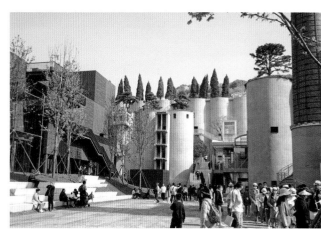

展厅的后广场或是安静的休憩花园或是衔接遗址街区的立体展示广场。

游览路径多种多样，观赏景致时上时下，场景千变万化。各主题广场、夹缝空间、跌落空间、屋顶花园、筒仓花园、架空层空间、放松花园等各类空间混杂交错。

从主展区、遗址花园街区到放松花园，由北至南逐渐向自然渗透。毗邻后山的自然放松花园，除了注重自然场景塑造外，同时融入了声景与光影艺术，使景观成为一种展览和体验。

结合展期与展后统筹一体化设计，延长项目的生命周期。

场地与展陈一体化设计，展厅花园户外区作为临时名贵盆景的布展空间供游客观赏与购买。

此次景观设计将工业遗址、历史和现代生活叠加，重塑人文与自然的和谐共生，对可持续使用空间和绿色经济产业转化进行探索。

遗址花园街区处于中间地块，这里有被保留下来的大量水泥厂遗址，设计将它改造成为一个东西向的花园式街区，北侧为主要通过性街道，比邻坎墙，可眺望主展区。道路穿插在水池、花园中。遗址建筑成为时尚潮店与展厅的载体，被花园植物围绕。

园内酒店前院

园内酒店入口院落

园内酒店SPA院落

融合了办公、会议、观演、展会、餐饮、酒店等多种功能的园博会确保了该区域的可持续性。

45%的建筑覆盖绿色屋顶（种植高大乔木7种），建筑的30%立面设置垂直绿化，多层次绿化相叠加展现"立体森林风貌"。

致谢

首先，我们要感谢本书项目中合作过的业主、建筑师及众多相关参与者，没有你们就没有今天呈现在大家面前的全面成果！ 其次，我们要感谢集团和设计院领导对我们多年来毫无保留的支持和爱护，以及同仁、朋友们给予的支持与鼓励。最后，我们还要感谢自工作室成立以来共同奋斗过的每一位同事，感谢你们的陪伴和在项目中付出的努力！